21 世纪全国本科院校土木建筑类创新型应用人才培养规划教材

土工试验原理与操作

高向阳　主　编

内 容 简 介

本书根据土木类各专业教学培养计划的要求编写，书中融合基础性试验、综合设计性试验和创新性试验，包括土的密度、颗粒组成、含水量、土粒比重、粘性土液限塑限、土体相对密度等物理性质试验，以及土的击实、渗透、固结压缩、直接剪切、三轴剪切、无侧限抗压强度等力学性能试验。同时，本书还讲述了综合设计性试验与创新性试验的设计思路、实施方法和管理要求等。

本书将土工试验分为三个阶段进行综合细致的阐述。试验准备阶段，包括技能要求、各种土样的制备方法、仪器设备及辅助工具的性能和使用方法；试验阶段，包括试验目的、试验原理、试验方法、仪器设备、操作步骤、记录与计算、注意事项和分析思考题等部分；试验资料处理阶段，包括对试验数据的整理、试验成果的分析、试验报告的编写等。

本书可作为高等院校本科土力学、土质学与土力学、土力学与地基基础等课程的试验指导书，也可供高等专科学校或参加自学考试的学生等选用，还可供工程技术人员参考或作为土工试验人员的培训教材。

图书在版编目(CIP)数据

土工试验原理与操作/高向阳主编．—北京：北京大学出版社，2013.8
（21世纪全国本科院校土木建筑类创新型应用人才培养规划教材）
ISBN 978-7-301-23102-9

Ⅰ．①土… Ⅱ．①高… Ⅲ．①土工试验—高等学校—教材 Ⅳ．①TU41

中国版本图书馆 CIP 数据核字(2013)第 203454 号

书　　　　名	土工试验原理与操作
著作责任者	高向阳　主编
策 划 编 辑	卢　东　吴　迪
责 任 编 辑	伍大维
标 准 书 号	ISBN 978-7-301-23102-9/TU·0361
出 版 发 行	北京大学出版社
地　　　　址	北京市海淀区成府路205号　100871
网　　　　址	http://www.pup.cn　新浪官方微博：@北京大学出版社
电子信箱	pup_6@163.com
电　　　　话	邮购部 62752015　发行部 62750672　编辑部 62750667　出版部 62754962
印 　刷 　者	北京虎彩文化传播有限公司
经 　销 　者	新华书店
	787毫米×1092毫米　16开本　13印张　295千字
	2013年8月第1版　2020年8月第4次印刷
定　　　　价	32.00元

未经许可，不得以任何方式复制或抄袭本书之部分或全部内容。

版权所有，侵权必究
举报电话：010-62752024　电子信箱：fd@pup.pku.edu.cn

前 言

本书是根据教育部颁布的专业目录和面向 21 世纪土木工程专业培养方案，并考虑培养创新型应用本科人才的特点和需要编写的。

土木工程中，怎样有效地开展土工试验，如何正确地测定土的工程性质，为工程设计和施工提供可靠的参数，是工程项目建设成功与否的关键。

实践教学是培养创新精神和工作能力的重要渠道，试验教学是高校实践教学的关键环节。实践教学的质量和水平，在以培养高级应用型人才为目标的本科院校中，对人才培养的影响较之传统的普通本科院校更为突出。

由于教学过程中缺少适用的指导材料，这个重要的环节往往在实际教学中流于形式，难以达到教学要求。本书作为配合《土力学》和《土力学学习指导与考试精解》教材的土工试验教学用书，主要为学生实验室工作提供指导，为指导教师在试验教学中提供参考，也可以供土木工程生产中的试验技术人员参考。编者本着"易用、够用、操作性强"的原则编写本书，希望能有效推动教学应用型特征的实现。

本书根据实践教学的需要，充分考虑到应用型教学的特点，尽可能讲清基本概念、基本方法和工程应用，力求深入浅出，着重阐明试验的基本原理和基本方法。

在综合提高性试验项目的介绍中，主要考虑了土工试验在土木工程建设中实际应用的需要，同时兼顾了土力学教学内容系统性的要求，包括了综合性试验、设计性试验、创新性试验等。进行土力学综合性试验，目的是让学生接受科研试验方法的初步训练，真实地感受到土的物理性质的复杂性、土力学试验与测试技术在建筑工程实践中的重要性等，启发学生积极思维、勇于创新，培养专业型技术人员，为学生今后的工作打下坚实的基础。进行土力学综合性试验，可以为学生创造一定的科学研究环境及条件，让他们在解决某一试验问题的过程中进一步融会贯通所学的理论知识，学会有目的的自主学习的方法及科学的思维方式，培养其不断吸纳新知识和进行科学研究的能力。

本书在编排上注意使用方便、操作性强的要求，在每个试验前复习总结相关的概念，详细说明试验原理；试验中的操作步骤简明、易懂、实用、周密，不留疑点；试验后说明工程应用注意事项。这样能使学生对试验形成宏观概念，避免孤立机械地认识试验步骤。本书还提供了丰富的图片，以帮助学生进行感性预习。

本书在编写过程中参考了很多书籍资料，还吸纳了很多学者的研究成果，在此向相关作者表示深深的敬意和感谢！在本书的出版工作中，还得到了北京大学出版社的大力协助，在此表示衷心感谢！

由于编者的学识有限，能否达到预期的目标尚无把握，恳切希望广大读者和土木、教育界同仁对书中谬误之处予以指正。

编　者
2013 年 4 月

目 录

第 1 章 绪论 …………………… 1
  1.1 土工试验的作用 …………… 1
  1.2 土工试验的项目 …………… 3
    1.2.1 室内试验 ……………… 3
    1.2.2 现场原位测试 ………… 6
  1.3 试验数据整理 ……………… 7
    1.3.1 测定值的误差 ………… 7
    1.3.2 综合指标的求法 ……… 11
    1.3.3 测定值的舍弃 ………… 13
    1.3.4 均值间差异的判断 …… 15

第 2 章 土工试验准备 ………… 18
  2.1 土工技能训练要求 ………… 18
    2.1.1 训练要求 ……………… 18
    2.1.2 训练纪律 ……………… 19
  2.2 土样制备 …………………… 19
    2.2.1 概述 …………………… 19
    2.2.2 扰动土样制备 ………… 20
    2.2.3 原状土试样制备 ……… 22
    2.2.4 砂土的试件制备 ……… 23
    2.2.5 试样饱和 ……………… 23
  2.3 常用试验仪器设备、辅助工具的性能和使用 ……… 25
    2.3.1 仪器设备 ……………… 25
    2.3.2 辅助工具 ……………… 44
  2.4 土工试验试验成果的综合分析 …………………… 48
    2.4.1 土工试验成果综合分析的必要性 …………… 48
    2.4.2 土的物理性试验及试验成果的分析 ………… 49
    2.4.3 土的力学试验及试验成果分析 ……………… 50

第 3 章 土的物理性质试验 …… 52
  3.1 密度试验 …………………… 52
    3.1.1 试验目的与原理 ……… 52
    3.1.2 试验方法和适用范围 … 52
    3.1.3 仪器设备构造和使用方法 …………………… 52
    3.1.4 试验操作步骤 ………… 54
    3.1.5 试验数据记录与成果整理 …………………… 55
    3.1.6 试验注意事项 ………… 56
    3.1.7 分析思考题 …………… 56
  3.2 颗粒分析试验 ……………… 56
    3.2.1 试验目的与原理 ……… 57
    3.2.2 试验方法和适用范围 … 57
    3.2.3 仪器设备构造和使用方法 …………………… 58
    3.2.4 试验操作步骤 ………… 59
    3.2.5 试验数据记录与成果整理 …………………… 60
    3.2.6 试验注意事项 ………… 65
    3.2.7 分析思考题 …………… 66
  3.3 含水量试验 ………………… 66
    3.3.1 试验目的与原理 ……… 66
    3.3.2 试验方法和适用范围 … 67
    3.3.3 仪器设备构造和使用方法 …………………… 67
    3.3.4 试验操作步骤 ………… 67
    3.3.5 试验数据记录与成果整理 …………………… 68
    3.3.6 试验注意事项 ………… 68
    3.3.7 分析思考题 …………… 69
  3.4 比重(土粒相对密度)试验 … 69
    3.4.1 试验目的与原理 ……… 69

3.4.2　试验方法和适用范围……69
　　3.4.3　仪器设备构造和使用
　　　　　方法……………………70
　　3.4.4　试验操作步骤……………70
　　3.4.5　试验数据记录与成果
　　　　　整理……………………70
　　3.4.6　试验注意事项……………71
　　3.4.7　分析思考题………………71
3.5　液限塑限试验………………………71
　　3.5.1　试验目的与原理…………72
　　3.5.2　试验方法和适用范围……72
　　3.5.3　仪器设备构造和使用
　　　　　方法……………………73
　　3.5.4　试验操作步骤……………74
　　3.5.5　试验数据记录与成果
　　　　　整理……………………76
　　3.5.6　试验注意事项……………79
　　3.5.7　分析思考题………………79
3.6　相对密度试验………………………80
　　3.6.1　试验目的与原理…………80
　　3.6.2　试验方法和适用范围……80
　　3.6.3　仪器设备构造和使用
　　　　　方法……………………81
　　3.6.4　试验操作步骤……………82
　　3.6.5　试验数据记录与成果
　　　　　整理……………………82
　　3.6.6　试验注意事项……………83
　　3.6.7　分析思考题………………84

第4章　土的力学性能试验……………85

4.1　击实试验……………………………85
　　4.1.1　试验目的与原理…………85
　　4.1.2　试验方法和适用范围……86
　　4.1.3　仪器设备构造和使用
　　　　　方法……………………86
　　4.1.4　试验操作步骤……………87
　　4.1.5　试验数据记录与成果
　　　　　整理……………………88
　　4.1.6　试验注意事项……………90
　　4.1.7　分析思考题………………90
4.2　渗透试验……………………………91
　　4.2.1　试验目的与原理…………91
　　4.2.2　试验方法和适用范围……92
　　4.2.3　仪器设备构造和使用
　　　　　方法……………………92
　　4.2.4　试验操作步骤……………93
　　4.2.5　试验数据记录与成果
　　　　　整理……………………94
　　4.2.6　试验注意事项……………96
　　4.2.7　分析思考题………………97
4.3　固结试验……………………………97
　　4.3.1　试验目的与原理…………97
　　4.3.2　试验方法和适用范围……98
　　4.3.3　仪器设备构造和使用
　　　　　方法……………………99
　　4.3.4　试验操作步骤……………100
　　4.3.5　试验数据记录与成果
　　　　　整理……………………102
　　4.3.6　试验注意事项……………106
　　4.3.7　分析思考题………………106
4.4　直接剪切试验………………………107
　　4.4.1　试验目的与原理…………107
　　4.4.2　试验方法和适用范围……108
　　4.4.3　仪器设备构造和使用
　　　　　方法……………………109
　　4.4.4　试验操作步骤……………110
　　4.4.5　试验数据记录与成果
　　　　　整理……………………111
　　4.4.6　试验注意事项……………113
　　4.4.7　分析思考题………………114
4.5　三轴剪切试验………………………115
　　4.5.1　试验目的与原理…………115
　　4.5.2　试验方法和适用范围……115
　　4.5.3　仪器设备构造和使用
　　　　　方法……………………116
　　4.5.4　试验操作步骤……………120
　　4.5.5　试验数据记录与成果
　　　　　整理……………………125
　　4.5.6　试验注意事项……………127
　　4.5.7　分析思考题………………128
4.6　无侧限抗压强度试验………………128
　　4.6.1　试验目的与原理…………128

  4.6.2 试验方法和适用范围 …… 128
  4.6.3 仪器设备构造和使用
    方法 …………………… 129
  4.6.4 试验操作步骤 ………… 129
  4.6.5 试验数据记录与成果
    整理 …………………… 129
  4.6.6 试验注意事项 ………… 131
  4.6.7 分析思考题 …………… 131
 4.7 荷载试验 …………………… 131
  4.7.1 试验目的与原理 ……… 131
  4.7.2 试验方法和适用范围 … 132
  4.7.3 仪器设备构造和使用
    方法 …………………… 133
  4.7.4 试验操作步骤 ………… 134
  4.7.5 试验数据记录与成果
    整理 …………………… 136
  4.7.6 试验注意事项 ………… 138
  4.7.7 分析思考题 …………… 138

第5章　工程试验综合训练 ………… 139

 5.1 项目的计划 ………………… 140
  5.1.1 项目训练的意义 ……… 141
  5.1.2 项目计划的内容 ……… 142
  5.1.3 项目技术路线设计
    方法 …………………… 144
 5.2 项目的实施 ………………… 145

  5.2.1 试验项目要求 ………… 146
  5.2.2 试验项目实施过程 …… 148
 5.3 项目的成果 ………………… 150
  5.3.1 试验项目数据采集和
    指标分析 ……………… 150
  5.3.2 试验项目资料整理和
    报告编写 ……………… 154
 5.4 训练案例 …………………… 155
  5.4.1 土的定名试验 ………… 155
  5.4.2 土的物理力学性质的
    测定 …………………… 156
  5.4.3 土的物理性质与强度的
    关系 …………………… 156
  5.4.4 不同条件下三轴试验
    对比 …………………… 157
  5.4.5 饱和砂土的液化试验 … 157
  5.4.6 地基承载力确定试验 … 158
  5.4.7 填料压实性评价试验 … 158
  5.4.8 水泥土的力学特性
    研究 …………………… 159
  5.4.9 山坡稳定性工程问题的
    解决方案研究 ………… 159
  5.4.10 学生自选创新试验 …… 159

附录　试验报告 …………………… 161

参考文献 …………………………… 195

第1章 绪 论

实践教学的质量和水平,在以培养高级应用型人才为目标的本科院校中,对人才培养的影响较之传统的普通本科院校更为突出。实践教学是培养创新精神和工作能力的重要渠道,试验教学是高校实践教学的关键环节。土工试验是土力学学科的重要实践环节和不可缺少的研究手段,是应用型本科院校教学过程中一个重要的实践环节。

1.1 土工试验的作用

1. 土工试验的意义

在土木工程中,怎样有效地开展土力学试验,如何正确地测定土的工程性质,为工程设计和施工提供可靠的参数,是工程项目建设成功与否的关键。

1)土工试验

土工试验是在土工实验室对土的工程性质进行测试,并获得土的物理性指标(如密度、含水量、土粒比重等)和力学性指标(如压缩模量、抗剪强度指标等)的试验工作,从而为工程设计和施工提供可靠的参数,它是正确评价工程地质条件不可缺少的前提和依据。

2)土与试验

土是自然界的产物,其形成过程、物质成分及工程特性是极其复杂的,并且随其受力状态、应力历史、加载速率和排水条件等的不同而变得更加复杂。不同的建筑工程场地,土质情况的变化是很复杂的,在实际工程中没有任何建筑地点呈现出与其他地点土质情况特别相似的情形,即使在同一地点,土的性质也可能发生变化,有时甚至相当显著。

这就意味着,在进行详细的设计之前,必须对每一个地点的土质情况进行详细的调查与测试,必须对工程项目所在场地的土体进行土工试验,以充分了解和掌握土的各种物理和力学性质,从而为场地岩土工程地质条件的正确评价提供必要的依据。

3)工程与试验

各类工程的成败,在很大程度上取决于土体能否提供足够的承载力,使工程结构不会产生超过设计限度的地基沉降和差异变形等。地基承载力和地基变形计算中的参数主要是通过土工试验来确定的,所以土工试验是从根本上保证岩土工程设计的精确性及经济合理的重要手段,也是岩土工程规划和设计的前期工作。如果各项岩土参数测试不正确,那么不管设计理论和方法如何先进、合理,工程的精度仍然得不到保证。

4)土力学与试验

从土力学的发展历史看,土工试验为土力学理论的发展提供了依据。库仑(Coulomb)定律、达西(Darcy)定律、普洛特(Proctor)压实理论及描述土的应力-应变关系的双曲线模型等，无一不是通过对土的各种试验而建立起来的。即使在计算机及计算技术高度发达的今天，土的工程性质的正确测定对于计算模型的建立及模型中参数的确定仍然是一个关键问题。

在室内土工试验中能进行各种模拟控制试验，进行全过程和全方位的测量和观察，在某种程度上比原位测试更能满足土的计算或研究的要求。因此，室内土工试验是原位测试所不能代替的。

根据试验原理设计试验方法时，往往可以设计出许多种方法。究竟采用何种试验方法必须根据工程实际情况、土的受力条件、土的性质确定，否则，就会由于试验方法不当而使试验指标出现误差。

5）试验的局限性

土工试验也有其局限性。一方面，当从钻孔中取样时，试样的数量很有限、不能完全代表土的性质，对土样的扰动，如取土、搬运及试验切土时的机械作用会扰动土的结构，降低土的强度，改变土的应力条件，使土样产生回弹膨胀，使得试验指标不符合原位土体的工程性状；另一方面，制定试验方法时条件简化（如试验应力条件相对理想和单一化等），以及试验人员的熟练程度也会影响试验成果的准确性。

目前，在解决土工问题时，尚不能像其他力学学科一样具备系统的理论和严密的数学公式，而必须借助经验、现场试验及室内试验辅以理论计算。在试验时，要考虑所有因素的影响是有一定困难的，因此必须抓住主要因素加以简化，并据此建立试验原理。

因此，为了达到试验目的，正确取得土的物理、力学性质指标，使土工试验能够比较正确地反映实际土的性质，试验人员必须掌握土工试验的基本理论、基本知识和基本技能。

2. 土工试验教学的要求

土工试验课程的目的在于培养学生进行土工试验的基本操作技能，学会进行试验数据的测试、资料整理及指标的计算，加深学生对土力学与地基基础基本理论的理解；培养学生的科学研究素养，养成不怕苦、独立研究、主动进取、严肃认真、理论联系实际的学习习惯；提高学生进行生产试验和科学研究的能力。

1）土工试验教学的目的

通过土工试验课程的训练，学生应达到以下要求。

(1) 理解和掌握土力学的基本原理与基本理论。

(2) 了解各种试验仪器并熟练操作，掌握土工试验的操作步骤和注意事项，提高动手能力。

(3) 能够独立地对土体进行取样并按试验要求进行试件制备。能够独立地按试验要求和方法对土体的物理、力学性能指标进行测试，并分析其影响因素，对资料进行整理并绘制曲线图，对相关指标进行计算和分析，根据曲线图确定相关的指标用于研究或实践。

(4) 能通过试验发现问题、分析问题，探讨解决问题的方法。

2）土工试验过程的要求

学生在整个试验过程中，既要以探索的精神发挥自己的学识，提出独立的见解，又要以科学的态度严肃认真地对待每项试验步骤，绝不允许任意涂改试验数据，故意地与预期结果相吻合。在试验过程中要求学生做到以下几点。

(1) 明确试验目的,试验前对该项材料的性质及技术要求应有一定程度的了解。
(2) 建立严格的科学工作秩序,遵守试验室各项制度及试验操作规程。
(3) 密切注视试验中出现的各种现象,并分析其原因。
(4) 按有关规定对试验数据进行处理,在此基础上,根据试验结果得出实事求是的结论。

在土工试验的教学过程中,由于各个试验的连贯性不是很强,学生对各个试验的原理和操作过程掌握不好,对试验目的及在实际工程中的应用就更不清楚,所以,为了使学生巩固掌握的理论知识,帮助学生把理论应用到实际工程中去,提高教学质量,适当安排综合性试验,要求学生掌握试验原理和操作过程,使其知道为什么要做这些试验,试验参数在工程设计和施工中如何应用,这样有助于培养学生的动手能力和分析问题的能力,从而更好地为工程建设服务。

3) 试验与试验报告的要求
(1) 每次做试验前,要认真阅读试验指导书,熟悉试验内容和试验步骤。
(2) 要以严肃的科学态度、严格的作风、严密的方法进行试验,认真记录好试验数据。
(3) 在试验课程进行中要认真回答老师提出的问题,回答问题的情况将被作为试验课程考核成绩的一部分。
(4) 要认真填写、整理试验报告,不得潦草,不得缺项、漏项,报告中的计算部分必须完成,同时要保持试验报告的整洁。
(5) 试验报告应及时完成,并按老师规定的时间上交。

1.2 土工试验的项目

土工测试大致分为在现场直接测定的原位测试试验和从现场采取土样送至实验室做的室内试验两大部分。本书重点介绍室内土工试验。

1.2.1 室内试验

室内土工试验是对岩土试样进行测试,并获得岩土的物理性指标、力学性指标、渗透性指标及动力性指标等的试验工作,从而为工程设计和施工提供参数,是正确评价工程地质条件不可缺少的依据。它分为土的物理性试验、力学性试验、水理性质试验、动力性质试验、特殊性质试验五大类,见表1.1。

表1.1 土工试验项目分类

类型	试验项目	主要试验方法	试验结果	成果的应用
土的物理性质试验	含水量试验	烘干法、酒精燃烧法、比重法、碳酸钙气压法、炒干法	含水量 w	计算土的基本物理性指标

(续)

类型	试验项目	主要试验方法	试验结果	成果的应用
土的物理性质试验	密度试验	环刀法、蜡封法、灌水法、灌砂法	土的密度 ρ 土的干密度 ρ_d	计算土的基本物理性指标及土的压实性
	土粒比重试验	比重瓶法、浮称法、虹吸筒法	土粒比重 d_s	计算土的基本物理性指标
	液限试验	圆锥仪法、蝶式仪法、联合测定法	液限 w_L	利用塑性图进行土的工程分类，判定土的状态
	塑限试验	搓条法、联合测定法	塑限 w_P	
	颗粒分析试验	筛分法、密度计（比重计）法、移液管法	颗粒大小分布曲线、有效粒径（d_{10}）、不均匀系数（C_u）、曲率系数（C_c）	用于土的工程分类及作为材料的标准
	相对密度试验	最小干密度（最大孔隙比）试验：漏斗法、量筒法； 最大干密度（最小孔隙比）试验：振动锤击法	相对密度（D_r） 最小干密度（$\rho_{d,min}$） 最大干密度（$\rho_{d,max}$）	判定砂砾土的状态
土的力学性质试验	固结（压缩）试验	标准固结试验、快速固结试验、应变控制连续加荷固结试验	孔隙比与压力曲线、压缩系数（a）、体积压缩系数（m_v）、压缩指数（c_c）、回弹指数（c_s）、前期固结压力（p_c）	计算粘性土体的沉降量
	击实试验	轻型击实试验、重型击实试验	含水率与干密度曲线、最大干密度（$\rho_{d,max}$）、最优含水量（w_{op}）	用于填土工程施工方法的选择和质量控制
	直接剪切试验	慢剪试验、固结快剪试验、快剪试验、反复剪试验	内摩擦角（ϕ）、内聚力（c）	计算抗剪强度
	三轴压缩试验	不固结不排水试验、固结不排水试验、固结排水试验、一个试样多级加荷试验	内摩擦角（ϕ）、内聚力（c）、应力路径、应力-应变关系	
	无侧限抗压强度试验	原状土试验、重塑土试验	抗压强度（q_u）、灵敏度（S_t）	计算地基、斜坡、挡土墙的稳定性

（续）

类型	试验项目	主要试验方法	试验结果	成果的应用
土的力学性质试验	静止侧压力系数试验	K_0容器	静止土侧压力系数K_0	计算土侧压力
	加州承载比试验	在$\phi 152mm$承载比试样筒内做贯入	加州承载比(CBR)	判断材料抵抗局部荷载压入变形的能力，以及路堤填筑压实后的浸水整体强度和稳定性
土的水理性质试验	渗透试验	常水头法、变水头法	渗透系数(k)	用于有关渗透问题的计算
	湿化试验	浮筒法	崩解量(A_t)	粘质土体在水中的崩解速度，作为湿法填筑路堤选择土料的标准之一
土的动力性质试验	振动三轴试验	动强度（液化）试验、动模量和阻尼比试验	动剪切模量(G_d)、动压缩模量(E_d)、阻尼比(D)	用于分析周期荷载作用下地基和结构物的稳定性，计算土体引起的位移、速度、加速度和应力随振次的变化等
	共振柱试验	稳态强迫振动法、自由振动法		土在小应变范围($10^{-5}\sim 10^{-3}$)内的动力特性
	动单剪试验	纯剪法	动剪切模量(G_d)、动强度、阻尼系数	
土的特殊性质试验	黄土湿陷试验	湿陷系数试验、自重湿陷系数试验、溶率变形系数试验、湿陷起始压力试验	湿陷系数(δ_s)、溶滤变形系数(δ_{wt})、自重湿陷系数(δ_{zs})	用于黄土湿陷性分析和处理
	自由膨胀率试验	水中自由膨胀	自由膨胀率(δ_{ef})	用于膨胀土的初判
	膨胀率试验	有荷载膨胀率试验、无荷载膨胀率试验	特定荷载膨胀率(δ_{ep})、无荷载膨胀率(δ_e)	
	膨胀力试验	加荷平衡法	膨胀力(p_e)	测定土体吸水膨胀时所产生的内应力
	收缩试验	室温收缩法	缩限w_s、收缩比、体缩、线缩	判定土的状态
	酸碱度(pH)试验	电测法、比色法	pH	可否用做稳定处理材料、判断对构筑物的腐蚀性

(续)

类型	试验项目	主要试验方法	试验结果	成果的应用
土的特殊性质试验	易溶盐试验	盐的总量用烘干法测定，离子的含量用化学分析法测定	易溶盐总量(W)、质量摩尔浓度(b)	用于对环境土工程腐蚀的影响分析
	有机质试验	烧灼减量法、重铬酸钾滴定法	泥炭的有机物含量泥炭以外土的有机物含量	判断对土工程性质和稳定处理施工方法的影响

1.2.2 现场原位测试

原位测试就是在土原来所处的位置，在基本上保持土的天然结构、天然含水率及天然应力状态的条件下，对岩土体的工程性质进行测试的手段。

1. 现场原位测试的优点

原位测试与室内试验相比，主要有以下优点。

（1）可不经钻孔取样，直接在原位测定岩土体的工程性质，从而避免取土扰动和取土卸荷回弹等对试验结果的影响，如可以测定诸如砂土、流动淤泥层、贝壳层、破碎带等。采样时不可避免会扰动土层的工程性质，故应避免在采样过程中土的应力被释放而影响数据。

（2）试验结果可以直接反映原位土层的物理力学性状。

（3）原位测试的土体体积比室内试样大，可在较大范围内测试岩土体，故其测试结果更具有代表性，并可在现场重复进行验证。

（4）可缩短勘探周期。

2. 现场原位测试的缺点

原位测试也有不足之处，主要有以下缺点。

（1）各种原位测试都有其使用条件，如使用不当则会影响其效果。

（2）有些原位测试所得参数与土的工程性质的关系往往是建立在统计经验关系上的，难以从理论上解释。

（3）影响原位测试结果的因素较为复杂（如周围的应力场、排水条件等），这对准确判定测定值造成一定困难。原位测试的应力条件复杂，一般很难直观地确定岩土体的某个参数，因此在选择计算模型和确定边界条件时将不得不采取一些简化假设，由此引起的误差也可能使所得出的岩土体参数不能理想地表征实际土体的性状，特别是当原位测试中的土体变形和破坏模式与实际工程中的不一致时。例如，十字板剪切试验的剪切和破坏模式与土坡或地基的实际破坏形式是大相径庭，事实上已有资料表明十字板剪切试验得出的强度高于室内无侧限压缩试验结果。

（4）原位测试中的主应力方向与实际工程问题中的主应力方向往往并不一致。

（5）原位测试一般只能测定现场荷载条件下的岩土体参数，而无法预测荷载变化过程中的发展趋势。

土的室内试验与原位测试各有独到之处,在全面研究土的各种性状时不能偏废,而应相辅相成。

3. 现场原位测试的方法

原位测试的方法繁多,可分为定量方法和半定量方法。定量方法是指在理论上和方法上能形成完整体系的原位测试方法,如静力载荷试验、现场直接剪切试验、旁压试验、十字板剪切试验、渗透试验等；半定量方法是指由于试验条件限制或方法本身还不具备完整的理论用以指导试验,因此必须借助于某种经验或相关关系才能得出所需成果的原位测试方法,如静力触探试验、圆锥动力触探试验、标准贯入试验等。常用的方法有以下几种。

(1) 静力载荷试验(简称载荷试验),包括平板载荷试验、螺旋载荷试验、桩基载荷试验、动载荷试验等。试验成果用于确定地基承载力、变形模量,预估建筑物沉降量,计算地基土的固结系数、不排水剪的强度,确定单桩(垂直、横向)承载力。

(2) 十字板剪切试验,适用于测定饱和粘性土的不排水抗剪强度及灵敏度等参数。

(3) 静力触探试验,适用于软土、粘性土、砂类土及含少量碎石的土层。该试验常用于划分土层界面、土类定名,确定地基承载力和单桩极限荷载,判别砂土和饱和粉土液化可能性及测定地基土的物理力学参数等。

(4) 动力触探试验,适用于粘性土、砂类土和碎石类土。该试验常用于确定砂土、碎石土密实度及地基土的承载力,评定土的抗剪强度及变形模量等。

(5) 标准贯入试验,适用于一般粘性土、粉性土和砂类土。该试验可判定砂土密实程度或粘性土的塑性状态,判别饱和砂土、粉土的液化可能性等。

1.3 试验数据整理

土工试验测得的土性指标可分为一般特性指标和主要计算指标。对土分类定名和阐明其物理化学特性的土性指标属于一般特性指标,如土的天然密度、天然含水量、土粒比重、颗粒组成、液限、塑限、有机质含量、水溶盐含量等。在设计计算中直接用以确定土体强度、变形和稳定性等力学性质的指标属于计算指标,如土的粘聚力、内摩擦角、压缩系数、变形模量、渗透系数等。

任何一个试验操作结束以后,都应对试验资料进行科学合理的分析与整理,以保证试验结果的可靠度和适用性。

对于一般特性指标的结果进行整理时,通常可采用多次测定值 x_i 的算术平均值 $\bar{x}$,并计算出相应的标准差 σ 和变异系数 δ ,以反映实际测定值相对于算术平均值的变化情况,从而判别其采用算术平均值时的可靠性。

1.3.1 测定值的误差

1. 误差

即使十分小心谨慎地进行试验,在处理测定数据和整理测定结果时,也难免出现各种误差。这些误差大致分为以下几种。

1) 系统误差

(1) 由于试验装置的分度不精、砝码未校正、性能不良而产生的固定误差。

(2) 由于试验环境发生变化，如温度、压力、湿度发生变化。

(3) 由于操作人员的习惯不好，如从侧面读数而产生的误差。

可以通过校正仪器、控制环境和改正不良习惯来消除系统误差。

2) 偶然误差

已消除系统误差，但由于测定条件存在偶然性，所测的数据仍在末一位或末两位数字上有差别，这种误差称为偶然误差。

偶然误差时大时小，时正时负，方向不一定；误差产生的原因不清楚，也无法控制。

用同一精度的仪器，在同一条件下，对同一物理量做多次测量，若测量的次数足够多，则可发现偶然误差完全服从统计规律，偶然误差的算术平均值将逐渐接近于零。

3) 人为(过失)误差

完全由人为因素造成，如操作人员粗枝大叶、过度疲劳或操作不正确。

在土工试验数据中，如果存在未消除的系统误差或过失误差，会严重影响统计结果的准确性，得出不正确的结论。消除过失误差的方法是提高工作人员的责任感、健全工作制度、加强对数据的审核。

2. 误差统计基本参数

1) 算术平均值 $\bar{x}$

测定值 x_i 的算术平均值是用一组数据的代数和除以数据的总个数所得出的结果，是表示数据集中位置的一种算术平均法，可按下式计算：

$$\bar{x} = \frac{1}{n} \sum_{i=1}^{n} x_i \quad (1.1)$$

式中：x_i——某指标第 i 次测定值；

n——某指标测定总次数。

必须注意：当计算的平均值为母体时应用字母 μ 来表示；子样的平均值常用 $\bar{x}$ 来表示。

2) 标准差 σ

标准偏差是表示该组数据值离散程度的统计特征数。

母体的标准偏差通常用字母 σ 来表示，当母体的标准偏差 σ 不易求得时常用子样的标准偏差 s 来推断。其计算公式为

$$s = \sqrt{\frac{1}{n-1} \sum_{i=1}^{n} (x_i - \bar{x})^2} \quad (1.2)$$

当采用式(1.2)计算 s 时，适用子样 $n<50$ 的条件；当子样 $n>50$ 时，应将式1.2中的 $n-1$ 应改为 n。

标准差是衡量离散程度的重要指标。s 值大，离散性大；s 值小，离散性小。

在统计计算中，许多随机变量都遵从着某种确定的分布规律。对于连续性的随机变量，也就是计量值的概率分布服从正态分布，如图1.1所

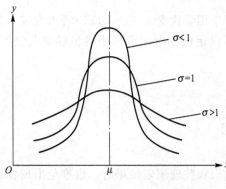

图 1.1　正态分布曲线

示。其数学方程式为

$$f(x)=\frac{1}{\sigma\sqrt{2\pi}}e^{-\frac{(x-\mu)^2}{2\sigma^2}} \tag{1.3}$$

式中：x——抽取的随机样本的特征值（曲线的横坐标值）；

e——自然对数的底为 2.718；

μ——正态分布的平均值（$-\infty<\mu<+\infty$）；

σ——正态分布的标准差；

π——圆周率。

由图 1.1 知，σ 越大，曲线越宽，数据越分散；σ 越小，曲线越窄，数据越集中。

正态分布曲线取决于两个参数 μ 和 σ，这样就形成了正态分布的特点，如图 1.2 所示。

(1) 曲线以 $x=\mu$ 这条直线为轴，左右对称。

(2) 曲线与横坐标轴所围成的面积等于 1。

(3) 曲线与直线 $x=\mu\pm\sigma$ 所围成的面积占全部面积的 68.3%，即概率为 0.683。

(4) 曲线与直线 $x=\mu\pm2\sigma$ 所围成的面积占全部面积的 95.4%，即概率为 0.954。

(5) 曲线与直线 $x=\mu\pm3\sigma$ 所围成的面积占全部面积的 99.7%，即概率为 0.997。

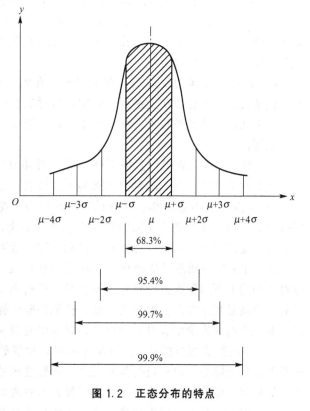

图 1.2 正态分布的特点

(6) 对 μ 的正偏差和负偏差概率是相等的，并且靠近 μ 的偏差概率较大，远离 μ 的偏差概率较小。

3) 变异系数 δ

变异系数是一个表示变量变异程度大小的统计量，为标准差与平均数的比值的百分数，又称为离散系数，计算公式为

$$\delta=\frac{\sigma}{\bar{x}} \tag{1.4}$$

当进行两个或多个资料变异程度的比较时，如果度量单位与平均数相同，可以直接利用标准差来比较。如果单位和（或）平均数不同，比较其变异程度就不能采用标准差，而需采用标准差与平均数的比值（相对值）来比较。

对比分析不同水平的变量数列之间标志值的变异程度，就必须消除水平高低的影响，这时就要计算变异系数。变异系数的大小反映了数据的变异性，见表 1.2。

表 1.2 变异性评价

变异系数	$\delta<0.1$	$0.1\leqslant\delta<0.2$	$0.2\leqslant\delta<0.3$	$0.3\leqslant\delta<0.4$	$\delta\geqslant 0.4$
变异性	很小	小	中等	大	很大

3. 数据误差产生的原因和避免措施

可以从野外取样和室内试验两个方面对土的试验指标与土的真实物性指标产生偏差的原因进行分析。

(1) 取样时对土样冲击次数多：有时土样因为在取样器里受到冲击的次数太多，或受到人为无意的冲击作用，相当于受到一定的压力，使孔隙中的水分被挤出，所以土样就会变硬，密度、压缩模量变大，孔隙比、压缩系数变小等。但是根据这些数据确定的承载力会大于实际土层的承载力。

(2) 取出的土样为扰动土：在取样时，孔内的残壁土没有被清除或者已经成为扰动土，或是被误以为是原状土送到试验室，这样的试验数据不符合原状土的各项指标，不能应用。为此，要求特外技术人员认真取样，仔细清孔，对于已经扰动的土样实验室人员要善于识别。

(3) 野外土样保管工作做得不好：对从野外取的土样如果没有很好地进行保管处理，就会改变它的性状，对试验数据的真实性也就会产生直接的影响。

(4) 试验前的准备工作：土样试验的计划必须要先行拟定，并且开启土样是不可以在试验前进行的。如果需要在试验前对土样进行分类，就要将土样开启，并且在检验以后，马上将其妥善封存，尽量少让土样受扰动，这样就不会影响试验结果的真实性。

(5) 开土要按规范严格操作：原状土样包装皮在开启的时候一定要小心，开启之后，要对土样的上下和层次进行辨别，要整平土样的两端，在没有特殊要求的时候，天然层垂直的方向就是切土方向。取样的时候，要取得整个样中最具有代表性的部分，要在贴近环刀的部分来对含水量试验样进行取样，并且要有很快的取样速度，以避免散失水分。

(6) 经过剖面图分析对比判证取土样时，地层处于变化部位，暴露在取土器下面的土样是下部粉土部分，由于较粗且松散的土颗粒在提钻过程中自行散落，故技术人员看到了土样的局部，即鉴别描述为粉土，从而导致与室内试验定名不符合。克服这种误差的方法是尽量不要在地层变化部位取样，或者取大部分具有代表性的土样作为试验样。

在资料整理中应认真分析原因：首先从仪器中查找，如检查烘箱的烘干温度、天平的精度等是否存在问题，逐项排查试验中的各项具体操作及对同批土进行对比分析等，查出原因，必要时重新做试验。同时，积累有关数据进行统计分析，为工程建设提供准确的数据。

4. 有效位数

对于任何数，包括无限不循环小数和循环小数，截取一定位数后所得的值即是近似数，根据误差公理，测量总是存在误差，测量结果只能是一个接近于真值的估计值，其数字也是近似值。

近似数有效数字，就是从近似数左边的第一个非零数字算起，直到最末一个数字为止的所有数字；测量结果的有效位数代表结果的不确定度，见表 1.3。有效位数不同，测量结果的不确定度也不同,有效位数越多,其不确定度越小。

表 1.3 试验数据的有效位数

项目	天然密度/(g/cm²)	天然含水量/%	土粒比重	天然孔隙比	相对密度	液限塑限/%	液性指数	颗粒分析/%	不均匀系数	渗透系数/(cm/s)	压缩系数/MPa^{-1}	粘聚力/kPa	内摩擦角/(°)	无侧限抗压强度/kPa
有效位数	0.01	0.1	0.01	0.001	0.01	0.1	0.01	0.1	0.1	0.1×10^{-n}	0.001	0.01	0.5	0.1

5. 数字的修约

数据修约取舍的一般规则如下。

(1) 拟舍去部分的最前一位数字为 1、2、3、4 时,则舍去,可称为"四舍"。如 58.35,修约为整数时为 58。

(2) 拟舍去部分的最前一位数字为 6、7、8、9 时则进一,归纳为"六入"。如 102.75 修约为整数时为 103。

(3) 拟舍去部分的最前一位数字为 5,而后面没有数据,若前一位数字为奇数则进一,为偶数则舍去。例如,3.75 修约为一位小数时,因 7 为奇数则进一,为 3.8,将 9.85 修约为一位小数时,因 8 为偶数则舍去不进,为 9.8,即"奇进偶不进"。

(4) 拟舍去部分的最前一位数据为 5,而后面数字并非全部为 0 时进一。例如,305.505 修约为整数时为 306。

(5) 不能连续修约,因为多次连续修约会产生累计不确定度。

1.3.2 综合指标的求法

对不同应力条件下测得的某种指标(如抗剪强度等)应进行综合整理。在有些情况下,需求出综合使用不同土体单元时的计算指标,这种综合性的土性指标一般采用图解法或最小二乘方分析法确定。

1. 图解法

图解法是求得在不同应力条件下测得的指标值的算术平均值,然后以不同应力为横坐标,以指标平均值为纵坐标作图,得到关系曲线,确定其参数(如测抗剪强度与正应力关系曲线),然后根据曲线斜率和截距求出内摩擦角和内聚力。

图解法具有可以简易求取各种参数的优点,但所得数据是近似值。

由图解试验结果查看总体情况时,必须注意下述问题。

(1) 准备各种尺寸规格的坐标纸。按测定范围将测定值占满整个坐标纸。在坐标轴上精心分度,以使曲线尽量描得接近 45°。

(2) 一般以横轴为自变量,以纵轴为因变量,两轴均应标注单位。

(3) 诸如粒径累积曲线上的粒径之类的变量在非常宽的范围内变化时,必须使用半对数坐标纸。如果想要最初就能求知两变量间的关系，需要同时准备半对数纸和双对数纸。

（4）图解时若能以直线表示试验结果，则可方便地应用试验结果，但实际并非如此，应该适当地使变量发生变化。

2. 最小二乘方分析法

用表和图表示测定结果是必要的，但若进一步用数学方程式表示，则有利于此后的理论发展。为此需要先看能否整理出最简单的数学方程式 $y=A+Bx$（直线型），若不可能，则需看能否用各种简单的函数方程式表示。应用最小二乘法时，先要简单地描绘图形，确认其直线性后，再进行计算。

最小二乘方分析法是根据各测定值同关系曲线的偏差的平方和为最小的原理来求取参数值的。该法能够准确选定参数值，但计算较复杂。

若进行有关因变量 y 和自变量 x 的一系列测定，其关系为一元一次方程：

$$y=A+Bx \tag{1.5}$$

式中：A、B——未知参数；

x、y——已测知的变量。

在此情况下，根据测定值 (x,y) 推算未知参数 A、B 的方法即为最小二乘法。

一般来说，若测得 x 值为

$$x_1, x_2, \cdots, x_n$$

测得 y 值为

$$y_1, y_2, \cdots, y_n$$

这些测定值不一定刚好满足式(1.5)，其中必有误差 δ_i，即

$$y_i = A + Bx_i + \delta_i$$

故

$$\delta_i = y_i - (A + Bx_i)$$

以各测定值的 δ_i 总量最小值来确定 A、B 是可行的，但因 δ_i 有可能为 $+$、$-$ 两种符号，故应使 $\sum \delta_i^2$ 为最小值才合理。

若设最小二乘值

$$S = \sum \delta_i^2 = \sum [y_i - (A + Bx_i)]^2$$

则

$$\begin{cases} \dfrac{\partial S}{\partial A} = -\sum (y_i - A - Bx_i) = 0 \\ \dfrac{\partial S}{\partial B} = -\sum x_i(y_i - A - Bx_i) = 0 \end{cases}$$

解得

$$A = \frac{\sum x_i^2 \sum y_i - \sum x_i \sum x_i \cdot y_i}{n \sum x_i^2 - (\sum x_i)^2} \tag{1.6}$$

$$B = \frac{n \sum x_i \cdot y_i - \sum x_i \sum y_i}{n \sum x_i^2 - (\sum x_i)^2} \tag{1.7}$$

3. 一元线性回归的最小二乘法

两个变量之间有某种关系（相关关系），但又不存在确定的关系，如身高相同的两个人，体重不一定一样。

用于研究变量与变量间相关关系的回归分析方法，是数理统计中一个常用的方法。回归分析包括一元线性回归分析、一元曲线回归分析和多元回归分析，它不仅能提供变量之间相关关系的数学表达式，还能利用概率的知识对问题进行分析，判明所建立公式的有效性，并利用所得公式，根据一个或几个变量的值预测和控制另一个变量的取值。

一组样本 (p_1, q_1), (p_2, q_2), …, (p_n, q_n) 共 n 个量测关系，将这 n 个点拟合成一条光滑曲线来反映 p 与 q 间的关系。对于 p 的每一个确定值，q 有它的分布，若 q 的数学期望存在，则随着 p 的变化，q 的数学期望是 p 的函数，记作 $\mu(p)$，称 $\mu(p)$ 为 q 关于 p 的回归。然后利用一元线性回归的最小二乘法对这一组数据进行处理，求出相应的量测关系系数值。

例如，在直剪试验中，施加法向总应力 σ 值与相应剪切破坏面上的剪应力 τ_f 观测值之间线性相关（根据库伦公式 $\tau_f = \sigma\tan\varphi + c$，关系已确立），求相应的 c 值和 ϕ 值。

由试验数据 (σ_1, τ_{f1}), (σ_2, τ_{f2}), …, (σ_n, τ_{fn}) 可以得到如下矩阵。

$$\boldsymbol{\Omega} = \begin{bmatrix} 1 & \sigma_1 \\ 2 & \sigma_2 \\ \vdots & \vdots \\ n & \sigma_n \end{bmatrix}; \quad \boldsymbol{T} = \begin{bmatrix} c \\ \tan\varphi \end{bmatrix}; \quad \boldsymbol{\tau}_f = \begin{bmatrix} \tau_{f1} \\ \tau_{f2} \\ \vdots \\ \tau_{fn} \end{bmatrix}$$

通过矩阵 $\boldsymbol{\Omega}$ 和 $\boldsymbol{\tau}_f$ 求解时，先求出 $\boldsymbol{\Omega}$ 的 M-P 广义逆矩阵 $\boldsymbol{\Omega}^+$，得

$$\boldsymbol{\Omega}^+ = (\boldsymbol{\Omega}^H \boldsymbol{\Omega})^{-1} \boldsymbol{\Omega}^H$$

然后用最小二乘法求出 c 值和 ϕ 值，即

$$\boldsymbol{T} = \boldsymbol{\Omega}^+ \boldsymbol{\tau}_f$$

最后利用

$$\left\| \boldsymbol{\Omega} \begin{bmatrix} c \\ \tan\phi \end{bmatrix} - \boldsymbol{\tau}_f \right\|$$

计算出最佳拟合直线的误差。

4. 加权平均值

当计算几个土体单元土性参数的综合值时，可按土体单元在计算中的实际影响，采用加权平均值：

$$\bar{x} = \frac{\sum w_i x_i}{\sum w_i} \tag{1.8}$$

式中：x_i——不同土体单元的计算指标；
w_i——不同土体单元的对应权。

1.3.3 测定值的舍弃

在自然界中，土性会由于土的形成年代、环境及物质来源不同而存在差异，有时甚至

同一层位中的土性也有变化，如常见有包体、透镜体、微层理、薄夹层或岩性渐变的现象。因此，土的物理、力学性质相对于其他建筑材料来说复杂得多。在相同条件下进行的一系列试验所得的几个测定值中，常常出现异常值。

为了提供准确的土工试验成果，需通过对各项指标试验结果结合经验综合进行分析，剔除试验中由于仪器及人为操作和土的不均匀性等问题而导致的异常数据。取这些测定值的平均值时，需要反复考虑是否应该舍去那些异常值。对于明显不合理的数据应分析其产生的原因，必要时可通过补充试验决定对可疑数据的取舍或修正。

舍弃试验数据中的异常点有以下几种途径。

（1）从岩土参数的物理概念和岩土工程实际出发，根据专业人员的经验，舍弃明显不合理的点。

（2）从极小概率不可能原理出发，凭借观察法，舍弃明显偏离数据正常波动范围的异常点。

（3）从数学方法出发，根据某一置信水平舍弃确定范围以外的异常点。

国内外学者对测试数据可靠性检验的数学方法进行了大量的研究，提出了多种方法。目前常用异常数据取舍原则：按 3 倍标准差（$\pm 3\sigma$）作为舍弃标准，当试验数据样本较多（$n>3$）时，舍弃范围 $[\mu-3\sigma, \mu+3\sigma]$ 以外的点；当试验数据样本较小（$n<3$）时，舍弃范围 $[\mu-t_{0.9973}(\sigma/\sqrt{n}), \mu+t_{0.9973}(\sigma/\sqrt{n})]$ 以外的点。$t_{0.9973}$ 为 t 分布在 0.9973 置信水平、$n-1$ 自由度时的临界值，即舍弃那些在 $\bar{x}\pm 3\sigma$ 范围以外的测定值后，重新计算整理。

通常由于试验的数据较少，考虑到测定误差、土体本身的不均匀性和施工质量的影响等，出于安全考虑，对初步设计和次要建筑物宜采用标准差平均值，即对算术平均值加（或减）一个标准差的绝对值（$\bar{x}\pm|s|$）。

常用的舍弃法有以下两种。

1. 斯米尔诺夫法

设 n 次测定所得 $x_1, x_2, x_3, \cdots, x_n$ 中的 x_r 为可疑值，按下式计算 τ_0：

$$\tau_0 = \frac{|x_r - \bar{x}|}{\sigma} \tag{1.9}$$

式中：$\bar{x}$——包括 x_r 在内的测定值的平均值；

σ——包括 x_r 在内时计算所得样本标准差。

若 τ_0 超过表 1.4 所示的发生概率 α，则可以认为 x_r 为异常值并舍去。此时，应取正态分布或接近正态分布的值。

表 1.4 系数 τ_{max} 的 α 值

n	$\alpha=1\%$	$\alpha=5\%$	n	$\alpha=1\%$	$\alpha=5\%$	n	$\alpha=1\%$	$\alpha=5\%$
3	1.414	1.412	11	2.606	2.343	19	2.932	2.60
4	1.732	1.689	12	2.663	2.387	20	2.959	2.623
5	1.955	1.869	13	2.714	2.426	21	2.984	2.644
6	2.135	1.996	14	2.759	2.461	22	3.008	2.664
7	2.265	2.093	15	2.800	2.493	23	3.030	2.683
8	2.374	2.172	16	2.837	2.523	24	3.051	2.701
9	2.461	2.237	17	2.871	2.551	25	3.071	2.717
10	2.540	2.294	18	2.903	2.577			

2. 极差检验法

在为了实施施工管理而反复多次试验时,采用该法较为简便。

设 x_r 为异常值,若 $|\bar{x}-x_r| \geqslant 3\sigma$ 的概率 α 为 0.3% 且很少出现,则可舍弃。若 $|\bar{x}-x_r| \geqslant 2\sigma$ 的概率为 0.3%~4.5%,则应考虑试验种类(现场试验或室内试验)和试验过程中有无造成误差的过失来决定取舍。

在测定次数较少($n<10$)的情况下,使用极差值 R($R=$最大测定值$-$最小测定值)代替标准差 σ 的方法,其误差最大限度为 10% 左右。计算公式如下:

$$\sigma = \frac{1}{d} \cdot \bar{R} \tag{1.10}$$

式中:$\bar{R}$——各次测定的极差平均值;

$\frac{1}{d}$——由试样的数目确定的系数,见表 1.5。

表 1.5 系数 $\frac{1}{d}$ 值

测定次数	系数 $\frac{1}{d}$	测定次数	系数 $\frac{1}{d}$
2	0.8862	7	0.3698
3	0.5908	8	0.3612
4	0.4857	9	0.3367
5	0.4299	10	0.3249
6	0.3946		

1.3.4 均值间差异的判断

在工程中,判断在地层某一厚度内是按同一土层进行设计还是确认为不同种类的土层进行处理,需钻孔取样进行土工试验以取得试验结果,进行统计学处理方面的两个平均值之间的比较。采用水泥搅拌法进行地基处理,研究添加水泥前后的土体强度和土质特性时,也需用这些平均值进行比较。

1. 取自两个不同统计母体的样本均值的比较

设平均值为 m_x、m_y,从标准差均等于 σ 的正规统计母体中取出较大的 n_x、n_y 两组样本时,其平均值为 $\bar{x}$、$\bar{y}$。若设标准差为 σ_x、σ_y,则 t_0 遵循自由度(n_x+n_y-2)的 t 分布规律(参照表 1.6),即

$$t_0 = \frac{(\bar{x}-\bar{y})-(m_x-m_y)}{\sqrt{n_x \cdot \sigma_x^2 + n_y \cdot \sigma_y^2}} \sqrt{\frac{n_x n_y (n_x+n_y-2)}{n_x+n_y}}$$

t_0 的概率若为很少出现的数值,则可确认这两组样本取自两个不同的统计母体。

表 1.6 t 分布

自由度	大于 t 的概率											
	0.005	0.01	0.025	0.05	0.1	0.15	0.2	0.25	0.3	0.35	0.4	0.45
1	63.667	31.821	12.705	6.314	3.078	1.963	1.078	1.000	0.727	0.510	0.325	0.158
2	9.925	6.955	4.803	2.920	1.886	1.386	1.061	0.816	0.617	0.445	0.289	0.142
3	5.841	4.841	3.182	2.853	1.638	1.250	0.978	0.765	0.584	0.424	0.277	0.137
4	4.694	3.747	2.776	2.182	1.533	1.190	0.941	0.741	0.569	0.414	0.271	0.134
5	4.032	3.365	2.571	2.025	1.475	1.155	0.920	0.727	0.559	0.408	0.267	0.132
6	3.707	2.143	2.447	1.943	1.440	1.134	0.906	0.718	0.553	0.424	0.265	0.131
7	3.499	2.998	2.365	1.895	1.415	1.119	0.896	0.711	0.549	0.402	0.263	0.130
8	3.355	2.898	2.306	1.860	1.397	1.108	0.889	0.705	0.546	0.399	0.262	0.130
9	3.250	2.821	2.262	1.838	1.383	1.100	0.883	0.703	0.543	0.398	0.261	0.129
10	3.160	2.764	2.228	1.812	1.372	1.093	0.879	0.700	0.542	0.397	0.260	0.129
11	3.106	2.718	2.201	1.796	1.363	1.088	0.876	0.697	0.540	0.396	0.260	0.129
12	3.055	2.681	2.179	1.782	1.356	1.083	0.873	0.695	0.539	0.395	0.259	0.128
13	3.012	2.650	2.16	1.771	1.350	1.079	0.870	0.694	0.538	0.394	0.259	0.128
14	2.977	2.624	2.145	10761	1.345	1.076	0.868	0.692	0.537	0.393	0.258	0.128
15	2.947	2.602	2.131	1.753	1.341	1.074	0.866	0.691	0.536	0.393	0.258	0.128
16	2.921	2.593	2.120	1.745	1.337	1.071	0.865	0.690	0.535	0.392	0.258	0.128
17	2.898	2.567	2.110	1.740	1.333	1.069	0.863	0.689	0.534	0.392	0.257	0.128
18	2.878	2.552	2.101	1.734	1.330	1.067	0.862	0.688	0.534	0.392	0.257	0.127
19	2.861	2.539	2.093	1.729	1.328	1.066	0.861	0.688	0.533	0.391	0.257	0.127
20	2.845	2.528	2.086	1.725	1.326	1.064	0.860	0.687	0.533	0.391	0.257	0.127
21	2.881	2.218	2.080	1.721	1.323	1.063	0.859	0.686	0.532	0.391	0.257	0.127
22	2.819	2.505	2.074	1.717	1.321	1.061	0.858	0.686	0.532	0.390	0.256	0.127
23	2.807	2.500	2.069	1.714	1.319	1.060	0.858	0.685	0.532	0.390	0.256	0.127
24	2.797	2.492	2.064	1.711	1.318	1.059	0.857	0.685	0.531	0.390	0.256	0.127
25	2.787	2.485	2.060	1.708	1.316	1.058	0.856	0.684	0.531	0.390	0.256	0.127
26	2.779	2.479	2.056	1.706	1.315	1.058	0.856	0.684	0.531	0.390	0.256	0.127
27	2.771	2.473	2.052	1.703	1.314	1.057	0.855	0.684	0.531	0.389	0.256	0.127
28	2.763	2.467	2.048	1.701	1.313	1.056	0.855	0.683	0.530	0.389	0.256	0.127
29	2.756	2.462	2.045	1.699	1.311	1.055	0.854	0.683	0.530	0.389	0.256	0.127
30	2.750	2.457	2.042	1.597	1.310	1.055	0.854	0.683	0.530	0.389	0.256	0.127
∞	2.576	2.325	1.960	1.645	1.282	1.035	0.842	0.674	0.524	0.385	0.253	0.126

2. 取自两个有对应关系的统计母体的样本均值的比较

取自两个有对应关系的统计母体的样本均值之间有着某种相关关系，也不能采用上面所述的比较方法进行比较。

设平均值为 m，从标准偏差为 σ 的正规统计母体中取 n 个测定值 x_1，x_2，…，x_n，若求取平均值 $\bar{x}$ 和标准差 σ，则 t_0 遵循自由度为 $(n-1)$ 的 t 分布规律，即

$$t_0 = \frac{\bar{x} - m}{\sigma/\sqrt{n}}$$

t_0 相当于 t 分布表（表 1.5）中的某个概率。若 t_0 的概率为很少出现的数值，则可确认该样本值不是取自平均值 m 的正规统计母体的样本。

第 2 章 土工试验准备

2.1 土工技能训练要求

土工试验课程的基本理论有：地基中的自重应力、基础底面的接触压力、地基中的附加应力计算、有效应力原理、土的压缩性、地基最终沉降量计算、土的渗透性与渗透定律、饱和土体一维渗流固结理论、土的极限平衡条件与摩尔-库仑破坏理论。基本的试验技术知识有：按国家、部门标准和技术规范，正确地运用相应的实验仪器设备、工具制备土样，对样品进行物理性试验和力学性能试验，根据所学理论知识对试验数据进行处理、分析，做出试验报告。

2.1.1 训练要求

1. 基本操作技能

正确掌握各类天平、台秤、光电式液塑限测定仪、土壤筛、渗透仪、标准击实仪、直剪仪、固结仪、三轴仪等的使用，学会各种土样的制备方法，本试验课程是土力学课程的重要组成部分。任课教师要向学生讲清试验的性质、任务、要求，以及试验安排、试验方法、步骤、考核办法、实验室守则。

学生在训练中要掌握土的密度、含水量、土粒比重标准试验方法操作技能，掌握细粒土的液、塑限试验方法操作技能。

2. 综合性实验技能

利用各类直剪仪、各类固结仪、各类标准击实仪对土样进行剪切、固结、标准击实试验，学会对土样的各种参数进行测定，以及应用所学的专业知识和国家技术规范，对土样和现场工程土质进行评价。

学生在训练中掌握土的固结试验、剪切试验操作技能。

3. 设计性试验技能

由教师提出工程实际问题，学生在规定的时间内，根据所学的专业知识，运用各种规范，提出试验大纲、方法，由试验教师审核后，学生独立完成。试验中遇到问题，试验教师需引导学生独立分析、解决。

4. 训练成果

1) 技能成果要求

(1) 对试验数据要进行认真的分析整理。

(2) 试验数据要准确，试验成果要可靠，绘图要正确，各项都要符合规范要求。

(3) 试验训练报告必须独立完成，字迹要清楚，不得涂改，必须按着要求自己编写，不得抄袭他人成果。

2) 试验报告要求

(1) 编写试验报告要规范，应包括：试验名称、目的、内容、原理、主要仪器设备（名称、规格、型号）、试验装置或示意图、试验步骤、试验记录、数据处理（或原理论证、试验现象描述或结构说明等）、结果分析及讨论。

(2) 试验报告应附有试验原始记录。

(3) 指导教师对每个学生的试验报告要认真批改、评分、签字。

2.1.2 训练纪律

要以严肃的科学态度对每项试验负责，认真地按着试验规程进行操作。试验课必须专心听讲，服从指导教师的安排和指导，正确读数，细心观察，认真记录，不得草率敷衍，如有不符合规范要求的试验成果，应重新进行试验，不许涂改原始数据凑合了事。基本纪律要求有：

(1) 试验前要认真阅读试验指导书，明确所做试验的目的、要求和注意事项。

(2) 必须遵守实验室规章制度，遵守课堂纪律保持安静。

(3) 要爱护实验室的仪器设备，不准动用与本次试验无关的仪器设备。如仪器设备损坏要及时向指导教师报告，属责任事故的，根据损坏的程度和具体情况加以不同的赔偿。

(4) 严格遵守作息时间。

(5) 试验完毕后做好整理工作，将试剂、材料、工具和仪器放回原处，清洗试验仪器，清扫试验环境。切断电源、水源、气源，经指导教师检查合格后方可离开。

2.2 土样制备

2.2.1 概述

1. 土样验收

土样送达试验单位，必须同时提交试验委托书及其他必要的工程资料。试验委托书应写明工程名称、试坑（或钻孔）编号、土样编号、取土深度（原状土应有地下水位高程、土柱上下方向）、取样日期、试验项目、试验方法及要求等。

试验单位接到土样后，应按试验委托书进行验收。在清点土样时，要仔细核对土样标签上填写的土样编号、工程名称、试坑（或钻孔）编号、取样深度等是否与委托书相符，检查土样包装是否符合要求，判定土样数量和质量能否满足试验项目和试验方法的要求。验收后应进行室内编号和登记。

取得土样后,首先观察记述其状态,并进行判别分类。有经验的土工试验人员在此最初阶段即能相当准确地判定该土的一般性质,而缺乏经验的人员尚需学习土的分类法,利用土的分类表即可预知该土的性质。具备了这些知识,不仅能够自如地实施土工试验,而且在记录试验结果时也不会出现弄错小数点位置之类的差错。

2. 土样保管

土样验收后交给负责试验的人员妥善保管。应将原状土样和需要保持天然含水率的扰动土样置于阴凉处,原状土样上下方向不得倒置。从取土样之日起至开始试验的时间不宜超过20天。

对含放射性和有毒物质的土样,或取自瘟疫流行区和农业病虫害流行区的土样,应按有关行业的防护规定采取严格的防护措施。

试验后的剩余土样应装入原土样筒(或土样袋)内妥善保存,待试验报告提交一个月后仍无查询方可处理。若有疑问,可用余土复试。

3. 土样制备

严格按照规程要求的程序制备土样,是获得正确的试验成果的前提,也是保证试验成果的可靠性及试验数据的可比性的前提。土样的制备都融合在今后的每个试验项目中。

土样制备可分为原状土和扰动土的制备。土样制备用的仪器设备有:

(1) 孔径0.5mm、2mm和5mm的细筛,孔径0.075mm的洗筛。
(2) 天平:称量1000g,分度值为0.1g;称量200g,分度值为0.01g。
(3) 击样器、压样器、饱和器、切土盘、切土器和切土架、分样器。
(4) 环刀:内径61.8mm和79.8mm,高20mm;内径61.8mm,高40mm。
(5) 抽气机(附真空测压表)。
(6) 其他:切土刀、橡皮板、木槌、烘箱、干燥器、保湿器、钢丝锯、凡士林、喷水设备等。

2.2.2 扰动土样制备

(1) 将扰动土样进行土样描述,如颜色、气味、夹杂物和土类及均匀程度等,如有需要,将扰动土样拌和均匀,取代表性土样测定其含水量。

(2) 将土样风干或烘干,然后将风干或烘干土样放在橡皮板上用木碾碾散,但应注意不得将土颗粒破碎(勿破坏土粒天然结构)。操作时仅将大块弄碎即可。当土样含有大量浮石、长石或贝壳等易碎物质时,只能粉碎凝结成块的细粒土,决不要弄碎那些易碎粗颗粒。

风干即在常温或比常温略高的温度下进行完全干燥的处理方法。在室内风干时,可把土样摊开铺在箱内,经常搅拌,放置数日即可。在此过程中,若用风扇吹风,可以缩短时间。如果时间紧迫,可将土样稍稍烘干(须将炉温控制在60℃以下,并要经常搅拌试样),再在室温下风干。

在超过10℃的温度下烘干土样,即为烘干法。与风干法相比较,烘干土的部分物理性质将发生一定变化,对此应予以注意。

(3) 将分散后的土样根据各试验项目的要求过筛。对于物理性试验如液限、塑限等试验，过 0.5mm 筛；对于力学性试验土样，过 2mm 筛；对于击实试验、比重试验（比重瓶法），过 5mm 筛。

（4）为配制一定含水量的试样，根据不同的试验要求，取足够过筛的风干土样，按下面的公式计算加水量，把土样平铺于不吸水的盘内，用喷水壶喷洒预计的加水量，并充分拌和均匀，然后装入容器内盖紧，润湿一昼夜备用。

（5）测定润湿后土样不同位置的含水量（至少两个以上），要求差值不大于±1%。

（6）按下式计算干土质量：

$$m_s = \frac{m}{1+0.01w_h} \tag{2.1}$$

式中：m_s——干土质量(g)；
m——风干土质量(g)；
w_h——风干含水量(%)。

（7）根据试样所要求的含水量，按式计算制备试样所需的加水量：

$$m_w = 0.01(w-w_h) \cdot m_s \tag{2.2}$$

式中：m_w——土样所需加水质量(g)；
m_s——干土质量(g)；
w——制备试样所要求的含水量(%)；
w_h——风干含水量(%)。

（8）根据试验所要求的干密度按下式计算制备试样所需的风干含水率时的总土质量：

$$m = (1+0.01w_h) \cdot \rho_d \cdot V \tag{2.3}$$

式中：m——制备试样所需的风干含水量时的总土质量；
ρ_d——制备试样所要求的干密度(g/cm³)；
V——试样体积(cm³)；
w_h——风干含水量(%)。

（9）试件成形，可采用击实法和压样法。

① 击实法。选取一定数量的代表性土样（对直径 39.1mm 试样约取 2kg；61.8mm 和 101mm 试样分别取 10kg 和 20kg），经风干、碾碎、过筛（筛的孔径应符合规定），测定风干含水率，按要求的含水率算出所需加水量（计算方法参照击实试验中的计算方法）。

将需加的水量喷洒到土样上拌匀，稍静置后装入塑料袋，然后置于密闭容器内至少 20h，使含水率均匀，取出土料复测其含水率。测定的含水率与要求的含水率的差值应小于±1%，否则需调整含水率至符合要求为止。

击样器（图 2.1）的内径应与试样直径相同，击锤的直径宜小于试样直径，也允许采用与试样直径相等的击锤。击样器筒壁在使用前应洗擦干净，涂一薄层凡士林。

根据要求的干密度，称取所需土质量，按试样高度分层击实，粉质土分 3～5 层，粘质土分 5～8 层击实。各层土料质量相等。每层击实至要求高度后，将表面刨毛，然

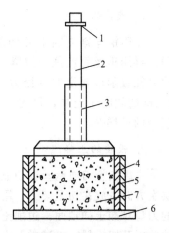

图 2.1 击样器示意
1—定位环；2—导杆；3—击锤；
4—击样筒；5—环刀；6—底座；7—试样

后再加第2层土料，如此继续进行，直至击完最后一层。将击样器筒中的试样两端整平，取出称其质量，一组试样的密度差值应小于 0.02g/cm³。

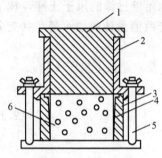

图 2.2 压样器示意
1—活塞；2—导筒；3—护环；
4—环刀；5—拉杆；6—试样

将土样击实法击实到所需的密度，用推土器推出，然后将环刀内壁涂一薄层凡士林，刃口向下放在土样上，用切土刀将试件削成略大于环刀直径的土柱，然后将环刀垂直向下压，边压边削，直至土样伸出环刀为止，削平环刀两端。

② 压样法。将根据环刀容积和要求干密度所需质量的湿土，倒入装有环刀的压样器(图 2.2)内，采用静压力将土样压紧到的所需密度，然后取出环刀。

(10) 把环刀外壁擦干净，称环刀和土的总质量，并同时测定土样的含水量。试件制备应尽量迅速，以免水分蒸发。

(11) 试件制备的数量根据试验项目的需要而定，一般应多制备1～2组备用，同一组试件的密度、含水量与制备标准之差应分别在±0.1g/cm³ 或2%范围之内。

2.2.3 原状土试样制备

所谓原状土样，即从取土场、试坑或填方施工现场等地采取的结构未扰动的块状土，并在保持其原有含水量的状况下运到实验室内的土样；或指从钻孔中用原状土样取土器采取的土，移入土样筒而运往实验室的土样。制作试样时，勿使土样扰动。而且，试验时对试样施加作用的方向也须与土在原位承受天然渗透或荷载现象的方向一致。

用原状试样进行的土的力学性质试验可分两类：一类是将土样移入环刀中制作试件的渗透试验和固结试验；一类是将土样按规定尺寸成形的无侧限抗压强度试验和三轴试验等。

1. 较软的土样

先用钢丝锯或削土刀切取一稍大于规定尺寸的土柱，放在切土盘的上、下圆盘之间。再用钢丝锯或削土刀紧靠侧板，由上往下细心切削，边切削边转动圆盘，直至土样的直径被削成规定的直径为止。然后按试样高度的要求，削平上下两端。对于直径为10cm 的软粘土土样，可先用分样器分成3个土柱，然后再按上述的方法，切削成所需直径的试样。

2. 较硬的土样

先用削土刀或钢丝锯切取一稍大于规定尺寸的土柱，上、下两端削平，按试样要求的层次方向，放在切土架上，用切土器切削，先在切土器刀口内壁涂上一薄层油，将切土器的刀口对准土样顶面，边削土边压切土器，直至切削到比要求的试样高度约高2cm为止，然后拆开切土器，将试样取出，按要求的高度将两端削平。试样的两端面应平整、互相平行、侧面垂直、上下均匀。在切样过程中，若试样表面因遇砾石面成孔洞，允许用切削下的余土填补。

将切削好的试样称量，直径101mm 的试样准确至1g；直径61.8mm 和39.1mm 的试样准确至 0.1g。试样高度和直径用卡尺量测，试样的平均直径按下式计算：

$$D_0 = \frac{D_1 + 2D_2 + D_3}{4} \tag{2.4}$$

式中：D——试样平均直径(mm)；

D_1、D_2、D_3——分别为试样上、中、下部位的直径(mm)。

取切下的余土，平均测定含水量，取其平均值作为试样的含水量。对于同一组原状试样，密度的平行差值不宜大于 0.03g/cm³，含水量平行差值不宜大于 2%。

3. 特别坚硬的和很不均匀的土样

如不易切成平整、均匀的圆柱体时，允许切成与规定直径接近的柱体，按所需试样高度将上下两端削平，称取质量，然后包上橡皮膜，用浮称法称试样的质量，并换算出试样的体积和平均直径。

2.2.4　砂土的试件制备

对于三轴试验用砂土，应先在压力室底座上依次放上透水石、滤纸、乳胶薄膜和对开圆模筒，然后根据一定的密度要求，分三层装入圆模筒内击实。如果制备饱和砂样，可在圆模筒内通入纯水至 1/2 高，将预先煮沸的砂料填入，重复此步骤，使砂样达到预定高度，放上滤纸、透水石，顶帽，扎紧乳胶膜。为使试样能站立，应对试样内部施加 0.05kg/cm²(5kPa)的负压力或用量水管降低 50cm 水头即可，然后拆除对开圆模筒。

2.2.5　试样饱和

1. 抽气饱和法

对于渗透系数≤10^{-4}cm/s 的细粒土，可采用真空抽气饱和法。

(1) 将制备好的土样装入饱和器，如图 2.3 所示。在重叠式饱和器的夹板正中，依次放置透水板、滤纸、带试样的环刀、滤纸、透水板，如此顺序重复，由下向上重叠到拉杆高度。将饱和器上夹板盖好后，拧紧拉杆上端的螺母，将各个环刀在上、下夹板间夹紧。

(2) 将装好试样的饱和器置于无水的真空饱和缸(图 2.4)进行抽气。为提高真空度可在盖缝中涂上一层凡士林以防漏气。将真空抽气机与真空饱和缸接通，开动抽气机，当真空度接近当地 1 个大气压后，应继续抽气，继续抽气时间宜符合下列要求：粉质土大于 0.5h、粘质土大于 1h、密实的粘质土大于 2h。当抽气时间达到上述要求后，微微开启管夹，使清水徐徐注入真空饱和缸的试样中。注水过程中微调管夹，使真空表压力保持一个大气压不变，待饱和器完全被水淹没即停止抽气，并打开管夹让空气进入真空缸，释放缸的真空。

(3) 试样在水下静止时间应大于 2h，细粒土为 10h，借助大气压力使试样充分吸水饱和。

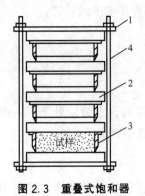 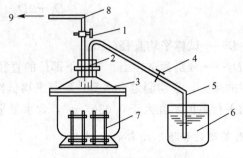

图 2.3　重叠式饱和器　　　　图 2.4　抽气饱和装置
1—夹板；2—透水板；　　　1—二通阀；2—橡皮塞；3—真空缸；4—管夹；
3—环刀；4—拉杆　　　　　5—引水管；6—水缸；7—饱和器；
　　　　　　　　　　　　　　8—排气管；9—接抽气机

（4）取出试样并称其质量。打开真空缸，从饱和器中取出带着环刀的试样，称取环刀加试样的总质量，并按式（2.5）计算试样的饱和度。若饱和度低于95%，应继续抽气饱和。

$$S_r = \frac{w d_s}{e} \tag{2.5}$$

式中：S_r——试样的饱和度(%)；
$\quad\quad w$——试样饱和后的含水量(%)；
$\quad\quad d_s$——土粒相对密度；
$\quad\quad e$——试样的孔隙比。

另一种抽气饱和方法是将试样装入饱和器后，先浸没在带有清水注入的真空饱和缸内，连续真空抽气 2~4h（粘土），然后停止抽气，静置12h左右即可。

2. 水头饱和法

将试样装入压力室内，施加 0.2kg/cm^2（20kPa）周围压力。使无气泡的水从试样底座进入，待上部溢出，水头高差一般在1m左右，直至流入水量和溢出水量相等为止。

3. 反压力饱和（在三轴仪中）

按规程规定进行试样饱和，并用 B 值（孔隙压力系数）检查饱和度，如试样的饱和度达不到99%，可对试样施加反压力以达到完全饱和。

（1）试样装好以后装上压力室罩，关闭孔隙压力阀和反压力阀，测记体变管读数。先对试样施加20kPa的周围压力预压。并打开孔隙压力阀待孔隙压力稳定后记下读数，然后关闭孔隙压力阀。

（2）反压力应分级施加，并同时分级施加周围压力，以尽量减少对试样的扰动。在施加反压力过程中，始终保持周围压力比反压力大20kPa。反压力和周围压力的每级增量软粘土取30kPa，对坚实的土或初始饱和度较低的土，取50~70kPa。

（3）操作时，先调周围压力至50kPa，并将反压力系统调至30kPa，同时打开周围压力阀和反压力阀，再缓缓打开孔隙压力阀，待孔隙压力稳定后，测记孔隙压力计和体变管读数，再施加下一级的周围压力和反压力。

(4) 算出本级周围压力下的孔隙压力增量 Δu,并与周围压力增量 $\Delta\sigma_3$ 比较,若 $\Delta u/\Delta\sigma_3 < 1$,则表示试样尚未饱和,这时关闭孔隙压力阀、反压力阀和周围压力阀,继续按上述规定施加下一级周围压力和反压力。

(5) 当试样在某级压力下达到 $\Delta u/\Delta\sigma_3 = 1$ 时,应保持反压力不变,增大周围压力,若试样内增加的孔隙压力等于周围压力的增量,则表示试样已完全饱和;否则应重复上述步骤,直至试样饱和为止。

按规程规定进行试样饱和,并用 B 值(孔隙压力系数)检查饱和度,如试样的饱和度达不到99%,可对试样施加反压力以达到完全饱和。

4. 毛细管饱和法

本方法根据土体毛细吸水原理,利用土样内的毛细管进行吸水饱和。所需饱和时间比较长,主要用于渗透系数 $>10^{-4}$ cm/s 的细粒土。

(1) 选用框式饱和器(图 2.5),在装有试样的环刀上、下面分别放滤纸和透水板,装入饱和器内,并通过框架两端的螺丝将透水板、环刀夹紧。

(2) 将装好试样的饱和器放入水箱内,注入清水,水面不宜将试样淹没,以使土中气体得以排出。

(3) 关上箱盖,浸水时间不得少于两昼夜,以使试样充分饱和。

(4) 试样饱和后,取出饱和器,松开螺母,取出环刀,擦干外壁,取下试样上下的滤纸,称环刀和试样的总质量,准确至 0.1g,并计算试样的饱和度,当饱和度低于95%时,应继续饱和。

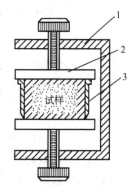

图 2.5 框式饱和器示意
1—框架;2—透水板;3—环刀

2.3 常用试验仪器设备、辅助工具的性能和使用

2.3.1 仪器设备

1. 光电式液塑限测定仪

仪器采用光学投影,电磁自动落锥,能测读 0~22mm 圆锥任意入土深度,并有圆锥磨损检验装置。

1) 结构

仪器结构详见图 2.6。

(1) 圆锥仪,包括平衡装置、微分尺装置、圆锥磁吸头等。

(2) 光学投影,包括照明装置、聚光镜、滤光片、物镜、反射镜、零线及锥角磨损检测屏幕,如图 2.7 所示。

(3) 电磁控制,包括控制线路板、变压器、电磁线圈装置等。

(4) 铜土杯:盛土样。

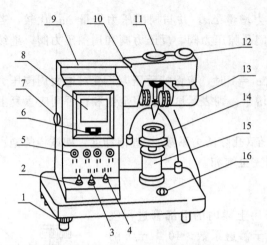
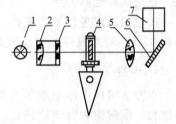

图2.6 光电式液塑限联合测定仪结构示意
1—水平调节螺丝；2—电源开关；3—功能开关；4—复位开关；5—指示灯；6—零线调节旋钮；7—反射镜调节螺杆；8—屏幕；9—机壳；10—物镜调节座；11—电磁装置；12—光源调节座；13—光源装置；14—圆锥仪；15—升降台；16—水泡

图2.7 光路示意
1—灯泡；2—聚光灯；3—滤色镜；4—微分尺；5—物镜；6—反射镜；7—屏幕

2）主要技术参数

(1) 圆锥仪重：GYS-2型(76 ± 0.2)g 和 GYS-3型(100 ± 0.2)g。

(2) 圆锥角度：$30°\pm0.2°$。

(3) 测读入土深度：0~22mm。

(4) 标尺分度值：0.1mm。

(5) 圆锥磨损检测：0.3mm。

(6) 圆锥下落至读数显示时间：5s。

(7) 电磁吸力：不小于1N。

(8) 电源、消耗功率：交流(220 ± 22)V、25W。

(9) 外形尺寸：300mm×160mm×280mm。

(10) 仪器质量：5kg。

3）使用与操作

(1) 调节底脚螺母，使工作面水平。

(2) 接通电源，放上测试土样，再使电磁头吸住圆锥仪，使微分尺垂直于光轴。

(3) 调节投影物镜，使微分尺影像清晰，再调零线调节旋钮，使屏幕上的零线与微分尺零线的影像重合。

(4) 转动下台升降螺母，当锥尖刚与土面接触，计时指示灯亮，圆锥仪即自由落下，延时5s，读数指示灯亮，即可读数。如要手动操作，可把开关扳向"手动"一侧。当锥尖与上面接触时，接触指示灯亮，而圆锥仪不下落，需按复位按钮，圆锥仪才自由落下。

(5) 读数后，要按复位按钮，以便下次进行试验。

4）工作条件与注意事项

(1) 环境周围不应有风吹、震动及强磁场，以免影响圆锥仪自由落下。相对湿度不大于85%。

(2) 仪器使用后应放入箱内或盖好，置于阴凉、干燥、无腐蚀的地方。

(3) 光学元件严禁用手和不干净、不柔软的物品擦抹，镜面和微分尺如有污秽、尘土，可用脱脂棉稍沾无水乙醇擦拭。

(4) 检验圆锥磨损时，把圆锥仪倒插在检验座上，整个座放上平台，适当调节高度，检验座的前后、左右和角度，使圆锥影像与屏幕上的角度重合，这时，角度的两平衡线距离相应于圆锥的0.3mm。

(5) 若屏幕零线与微分尺零线影像不重合，可旋动调节旋钮，使其重合。如发现不平行，则旋动零线调节旋钮(图2.6中6)，使仪器内反射镜转动，即可平行，再转动调节旋钮使其重合。

(6) 若圆锥仪落入土中后，微分尺影像不清晰，或影像不在原来位置，这时可左右或前后移动圆锥与平衡杆的位置。

(7) 若光源灯泡坏了，可逆时针旋动灯座调节螺母(图2.6中12)把灯座旋出，换上新灯泡再旋回原位置。

2. 等应变直剪仪

1) 用途

应变控制式直剪仪用于测定土的抗剪强度，通常采用四个试样，分别在不同的垂直压力下施加剪切力进行剪切，求得破坏时的剪应力，然后根据库仑定律确定强度参数，内摩擦角的凝聚力。

仪器剪切过程为电动，并保留了手动功能，剪切速率符合国标要求，并设有限位机构，用以保护仪器。

2) 主要技术指标

主要技术指标见表2.1。

表2.1 应变控制式直剪仪技术参数

型号 性能	ZJ-2型 (手动)	ZJ-1型 (二速)	2J型 (三速)	备注
最大垂直荷重/kPa	400	400	400	
压力级别/kPa	50, 100, 200, 300, 400, 500	50, 100, 200, 300, 400	50, 100, 200, 300, 400	吊盘为第一级
对应砝码重/kPa	1.275, 2.55, 5.1, 7.65, 10.2	1.275, 2.55, 5.1, 7.65, 10.2	1.275, 2.55, 5.1, 7.65, 10.2	
杠杆比	1:12	1:12	1:12	
土样	30cm², 高2cm	30cm², 高2cm	30cm², 高2cm	
最大水平剪切力/kN	1.2	1.2	1.2	
动力形式	手动	电动	电动	

(续)

型号 性能	ZJ-2型 (手动)	ZJ-1型 (二速)	2J型 (三速)	备注
手轮转速/(r/mm)		4, 12	0.1, 4, 12	手轮每转推进杆位移
对应剪切速度 /(mm/min)		0.8, 2.4	0.02, 0.8, 2.4	0.2mm
电源		~220V 50Hz	~220V 50Hz	
仪器净重/kg	32	40	40	

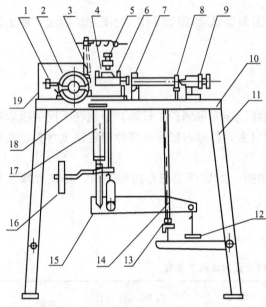

图 2.8 应变控制式直剪仪结构示意
1—推动座；2—手轮甲；3—插销；4—剪切盒；
5—传压螺钉；6—螺丝插销；7—量力环轴承；
8—量力环部件；9—锁紧螺母；10—底板；
11—支架；12—吊盘；13—手轮乙；
14—立柱；15—杠杆；16—平衡锤；
17—接杆；18—滑动框；19—变速箱

3) 主要结构

应变控制式直剪仪结构由6部分功能组成(图2.8)：推动座部分、剪切盒部分、测力环部分、杠杆加压部分、加荷卸荷部分、电动等应变直剪仪另加变速箱部分。

4) 操作说明

(1) 仪器使用时，先校准杠杆水平(调节件16平衡锤)，杠杆水平时，杠杆下沿应平齐立柱(件14)的中间白线。

(2) 将限位板及 $\phi10$ 钢珠在导轨上放好，放上调节件18滑动框；按土工试验要求，放入土样、透水石，盖上传压板，放好钢珠($\phi12$)，调节件5传压螺钉与钢珠接触，使杠杆下沿抬至立柱的上红线左右(若试样未经预压，可略抬高些)。杠杆下沿处于上下红线之间，出力都在精度范围内。

(3) 调整量力环，百分表对零。若需测下沉量，则安装垂直百分表，并对零。

(4) 按试验需要施加垂直载荷，吊盘为一级荷重(50kPa)在重复试验或连续试验中，无需每次将砝码、吊盘取下，加荷时可左旋手轮乙，使支起的杠杆慢慢放下，卸荷时，右旋手轮乙，使传压螺钉脱离钢珠，容器部件能自由取放为止(传压螺钉约抬高3mm)。

(5) 待土样达到固结要求时，拧出螺丝插销。以均匀速率转动手轮甲，进行剪切。对于电动等应变直剪仪先接通电源，换挡(图2.9)至所需的速率，开关打向"进"，即可进行剪切。若量力环中的百分表指针不再前进，或有显著后退，表示试样已剪损，记下所需数据。电动直剪仪若需手动剪切，必须换挡至"0"转，再以均匀速率旋转手轮中。

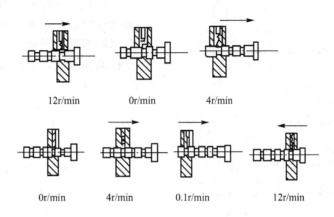

图 2.9 变速箱挡位示意

(6) 退回时,反方向旋转手轮甲即可。对于电动等应变直剪仪,退回时,开关打向"退",即自动退回,或者换挡至"0"转,反方向旋转手轮甲,推动座上附有插销,以便每次试验结束后,拔出插销,手旋推进杆,可快速退至原位。

(7) 卸荷。

5) 保养及注意事项

(1) 试验结束后,应将砝码、吊盘取下,以保护刀口。

(2) 每次使用后,应将仪器全部擦拭干净,金属件表面涂薄油脂,以防锈蚀,定期打开面板,在齿面、回转等处加适量黄油。

(3) 量力环出厂时,附有标定表。可定期(约1年)或根据使用情况进行检定。

(4) 电动等应变直剪仪:换挡时,如啮合不上,可开一下电动机,或转一转手轮;用毕必须将电源插头拔下;电源地线必须可靠接地。

3. 单杠杆固结仪

1) 用途

固结仪用于进行土的压缩试验,测定土的变形和压力、孔隙比和压力的关系、变形和时间的关系,以便计算土的单位沉降量、压缩系数、压缩指数、回弹指数、压缩模量、固结系数等,测定项目视工程需要而定。

2) 结构

三联固结仪(中、低压,见表2.2)由以下三部分组成。

表2.2 WG型三联固结仪压力范围

形式	试样面积/cm²	压力范围/kPa
低压	30	12.5～800
	50	12.5～400
中压	30	12.5～1600
	50	12.5～800

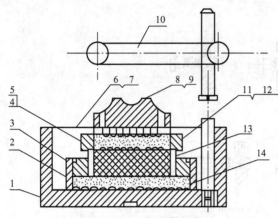

图 2.10 土样容器示意

1—容器；2—大护环；3—小护环；4—小环刀；5—大环刀；6—小透水石；7—大透水石；8—小传压板；9—大传压板；10—表夹；11—小导环；12—大导环；13—土样模块(附件)；14—透水石

(1) 土样容器：每一台仪器中有 3 套土样容器，可同时做 3 个土样试验，每套容器可分别做 $30cm^2$ 和 $50cm^2$ 两种土样面积试验，土样高度均为 2cm，如图 2.10 所示。

(2) 杠杆（附有水准器，杠杆比为 1∶12，1∶10）：用砝码加荷，中压最大为 4.8kN，分级加荷。$30cm^2$ 自 12.5～1600kPa 共九级，$50cm^2$ 时自 12.5～800kPa 共 8 级。低压最大出力为 2.4kN，分级加荷。$30cm^2$ 自 12.5～800kPa 共 8 级，$50cm^2$ 时自 12.5～400kPa 共 7 级，详见仪器面板上铭牌，参见表 2.3 和表 2.4。

表 2.3 $30cm^2$ 土样试验加压过程(杠杆比 1∶12)

加压顺序	砝码质量/kg			土样承受单位压力/kPa
	质量	数量	总质量	
1	吊盘	1	0.319	12.5
2	0.319	1	0.638	25
3	0.637	1	1.275	50
4	1.275	1	2.55	100
5	2.55	1	5.1	200
6	2.55	1	7.65	300
7	2.55	1	10.2	400
8	5.1	2	20.4	800
9	5.1	4	40.8	1600

表 2.4 $50cm^2$ 土样试验加压过程(杠杆比 1∶12)

加压顺序	砝码质量/kg			土样承受单位压力/kPa
	质量	数量	总质量	
1	吊盘	1	0.319	
2	0.319	1	0.638	12.5
3	0.637	1	1.275	25
4	1.275	1	5.1	50
5	2.55	1	5.1	100
6	2.55	2	10.2	200

（续）

加压顺序	砝码质量/kg			土样承受单位压力/kPa
	质量	数量	总质量	
7	5.1	1	15.3	300
8	5.1	1	20.4	400
9	5.1	4	40.8	800

杠杆支点可以升降 1.5cm，试验时先将杠杆调至水平位置，当土样受压下沉导致杠杆倾斜时，可逆时针旋转手轮，降低杠杆支点使杠杆恢复水平状态，以保证各级荷重的精确度。

（3）构架：仪器构架底部有四孔供安装用，台板是用高密度板制作。

仪器净重：100kg 左右（除砝码）。

仪器外形尺寸：长×宽×高＝710mm×660mm×1000mm。

仪器主要构造：如图 2.11 所示。

3）使用与保养

将仪器放置平稳，并使杠杆位于升降支架之间，使之不产生摩擦。

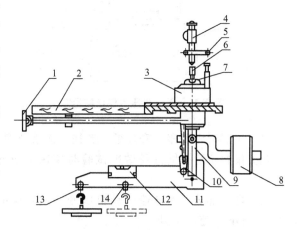

图 2.11 压缩仪主要构造示意
1—手轮；2—台板；3—容器；4—百分表；5—表夹；6—横梁；7—传压头；8—平衡锤；9—升降机；10—下横梁；11—杠杆；12—长水准泡；13—吊钩（1:12）；14—吊钩（1:10）

按土工试验规程制备土样，装入护环后放入容器中的透水石上，然后上端放上透水石、传压板，置于压框正中，安装百分表。将手轮顺时针方向旋转，使升降杆上升到顶点，再逆时针方向旋转 1～2 转，然后使加压头对准传压板，调整横梁上端螺杆，使框架向上时容器部分能自由取放，即可按土工操作规程先施加 1kPa 的预压荷重（30cm² 试样时，挂小的质量 25.5g）。调整量表，使指针读数为零。以后按规程逐级加荷（加荷前卸下预载荷砝码）。

在加荷以后经常观看杠杆下沉情况或根据需要可逆时针方向旋转手轮，调节升降杆保持杠杆平衡。在下一级加荷前可适量调高，以缩小杠杆倾斜角度。此时一般不要顺时针方向转动手轮，以防产生间隙震动土样。

每次使用后，应将仪器全部擦拭干净，如估计有较长时间不用，应在金属表面涂一薄层油脂，以防锈蚀。

砝码盘已作为一级载荷，故开始调整仪器时，请不要挂上。30cm² 为 1:12 吊钩加荷，50cm² 为 1:10 吊钩加荷。

4. 应变控制式无侧限压力仪

1）仪器用途

测定饱和度较大的软粘土在侧向不受限制的条件下所受到的轴向压力至试样破损时所

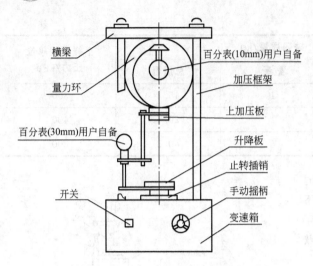

图 2.12 无侧限压力仪结构示意

受的力，以求得土的无侧限抗压强度，同时，无侧限抗压强度试验也用于确定土的灵敏度（灵敏度为原状土与保持天然含水量的重塑土的无侧限抗压强度的比值）。

2) 主要结构

仪器由给力部分、测力部分、仪器架及重塑筒等部分组成，如图 2.12 所示。

(1) 给力部分是由蜗轮、蜗杆及摇把组成的一套给力减速箱组成。

(2) 测力部分是由一只最大测力为 0.6kN 的量力环和支撑百分表的表杆及表夹等组成。

(3) 仪器架有底座、升降板、支柱、横梁及测土样变形的量表支承架等。

(4) 仪器还附有供做灵敏度试验时使用的重塑筒一付，其内径及高度为 $\phi 39.1 mm \times 80 mm$。

(5) 电动部分：由低速电动机以 60r/min 供电动时驱动给力部分，此时，升降板以 2.4mm/min 的速度上升。

3) 技术指标

最大测力：0.6kN。

土样尺寸：$\phi 39.1mm \times 80mm$（直径×高）。

速率：每分钟升降板上升 2.4mm。

4) 使用方法

将原状土按天然层次的方向安放在桌面上，用削土刀或钢丝锯（或用三轴分样器）切削成稍大于试样直径及高度的土柱毛坯，放入切土盘的上下钉盘之间，用钢丝锯或切土刀沿侧板由上往下细心切削成所需直径和规定高度，两端要削平整，并与侧面垂直，上下均匀，然后立即称质量，取切削下的余土测定其含水量。

将试样两端及侧面涂以一薄层凡士林，置于加压板中心，转动摇把使试样与上加压板刚好接触，停止转动摇把，将量力环的量表与测土样变形量表调至零点，然后，按动上升键，以每分钟加压板推进 2.4mm，直至土样破损，此时即可在量力环的百分表上读数，计算出轴向应力（对照应力-应变曲线使用）。

若试验进行到量力环中百分表指针不停止地前进，则该土属于塑流破坏，则试验应进行到试样的总应变达 20% 以上，以应变 20% 时的应力为无侧限抗压强度。

试验结束后，顺时针转动摇把，取下试样，然后可将止转插销拔出，直接转动升降板迅速下降至试验前位置。

若需测定灵敏度，则将试验后的土样刮去凡士林的部分，包以塑料布或橡皮布，用手搓毁，破坏其结构，以彻底扰动，并搓成圆柱形，放入重塑筒内，制成与重塑筒体积相等的土样（即与试验前尺寸相等），然后按上述方法进行试验。测定扰动的无侧限抗压强度。

试验中，土样破坏的位移量，观看轴向位移量表读数。

5) 仪器的保养及注意事项

(1) 使用后，应将仪器擦洗干净，涂一薄层油脂，以防生锈。

(2) 量力环在出厂时附有应力-应变曲线表，使用时应定期(1年)校验。

(3) 仪器上的百分表规格：量力环量表为量程 10mm、精度 0.01mm；轴向位移量表为量程 30mm、精度 0.01mm。

5. 高压固结仪

1) 用途

用于进行土的压缩试验，测定土的变形与压力、孔隙比与压力的关系，以及变形与时间的关系，计算土的单位沉降量、压缩系数和指数、回弹指数、压缩模量、固结系数等，测定项目视工程需要而定。它是继低压、中压固结仪之后的高压固结仪。它既可以做低压试验，又可以做中压试验，更可以做高压试验。

2) 主要技术参数和指标

试样面积：$30cm^2$ 及 $50cm^2$。

杠杆比：24∶1 及 20∶1。

加荷形式：砝码。

最高压力：$4000kPa(30cm^2)$、$2000kPa(50cm^2)$。

压力范围：$12.5\sim 4000kPa$。

3) 仪器类型

仪器分双联和三联两种，见表 2.5。

表 2.5　高压固结仪类型

型号 项目	GDG-4	GDG-4S
形式	双联	三联
容器	2	3
外形尺寸(长×宽×高)/cm	65×45×90	65×68×90
总重/kg	195(含砝码 102)	290(含砝码 53)

4) 主要结构

主要由压缩容器(图 2.13)及加压设备(图 1.14)等组成。采用双联形式，同时可以进行两组试验；采用三联形式，同时可进行三组试验，受力点采用轴承结构。

5) 安装与使用方法

(1) 仪器应放置在干燥的无振动的室内，摆放平稳(最好用螺栓固定底脚)。

(2) 在使用前应首先将杠杆调平好，方法如下：

① 在空载时将杠杆调平卡件置于容器支座上，将横梁卡于其间，保持横梁拉杆垂直。

② 转动平衡锤调整杠杆至水平以上，将平衡锤用 M14 螺母固定，这时移走杠杆调平卡件，可以进行加载试验。

③ 根据试验规范要求，对土样逐级加载，见表 2.6。

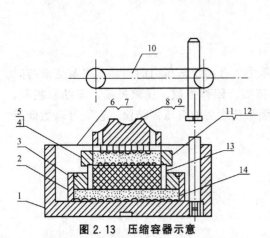
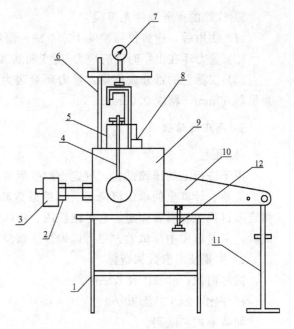

图 2.13 压缩容器示意

1—容器;2—大护环;3—小护环;4—小环刀(ϕ61.8mm);5—大环刀(ϕ79.8mm);6—小透水石(ϕ61.8mm);7—大透水石(ϕ61.8mm);8—小传压板;9—大传压板;10—表夹;11—小导环;12—大导环;13—土样模块(附件);14—透水石(ϕ83mm)

图 2.14 加压设备示意

1—支架;2—螺母;3—平衡锤;4—拉杆;5—土样容器;6—表夹部分;7—百分表;8—杠杆平衡卡件;9—容器支座;10—杠杆;11—砝码吊盘;12—杠杆顶紧螺丝

表 2.6 土样加载顺序

30cm² (i=24:1)					50cm² (i=20:1)			
顺序	加荷砝码/kg	数量/块	压力值/kPa		顺序	加荷砝码/kg	数量/块	压力值/kPa
1	0.159	1	12.5	上盘	1	0.159	2	12.5
2	0.159	1	15		2	0.317	1	25
3	0.319	1	50		3	0.617	1	50
4	0.637	1	100		4	1.275	1	100
5	1.275	1	200		5	1.275	2	200
6	1.275	1	300		6	2.55	1	300
7	1.275	1	400	下盘	7	2.55	1	400
8	2.55	2	800		8	5.1	2	800
9	5.1	2	1600		9	5.1	4	1600
10	5.1	4	3200		10	5.1	2	2000
11	5.1	2	4000					

6) 注意事项

(1) 因为杠杆在空载前一次调整平好，在逐级加载过程不用调平，随着土样的下沉，杠杆向下倾斜，为防止杠杆倾斜到下止点影响继续加载，所以在第一级加荷前，将杠杆升至上止点(即向上倾斜)，其最大压缩量10mm。

(2) 杠杆比分为24∶1(用于30cm^2)及20∶1(用于50cm^2)两种试验。使用时只需将吊盘摆动销子移动位置即可(必须先校正杠杆水平)。

(3) 杠杆灵敏度校验砝码加上M5×16螺钉即作为预载荷砝码。

7) 维护与保养

每次做完试验应将仪器及附件擦净，避免将细土及水漏入轴承中，因采用了轴承装置，所以应定期向轴承中注入一些清机油，同时摆动几下杠杆，以保证轴承的灵敏度。

6. 标准手提击实仪

1) 用途

土壤的击实试验用于水利工程的土坝、公路、机场跑道及建筑地基等填土工程。用标准击实方法，在一定的击实功能下，测定土的含水量与干容量之间的关系，从而可确定填土的最优含水量与相应的最大干容量。

2) 技术条件

击实仪技术条件分别见表2.7和表2.8。

表2.7 击实仪在国家标准中要求的技术条件

结构形式	击锤质量/kg	击锤落高/mm	击筒内径/mm	击实层数/层
手提击实	2.5(轻)	305(轻)	φ102(轻)	3
	4.5(重)	457(重)	φ152(重)	5
击筒高度/mm	锤头直径/mm	落高误差	击落方法	仪器净重/kg
116	51	≤1%	自由落体	14

表2.8 击实仪在交通部标准中要求的技术条件

结构形式	击锤质量/kg	击锤落高	击筒内径/mm	击实层数/层
手提击实	2.5(轻)	300mm(轻)	φ100mm(轻)	3
	4.5(重)	450mm(重)	φ152mm(重)	5
击筒高度/mm	锤头直径/mm	落高误差	击落方法	仪器净重/kg
127(轻) 120(重)	50	≤1%	自由落体	14

3) 结构特点

手提击实仪由锤杆、落高跟踪导向部件、分度旋转机构、变位变径部件及击筒等部件组成。其特点：携带方便，使用灵活，有自锁、跟踪和分度机构，确保了落锤高度的精确性及旋转锤迹分布的均匀性。轻、重型击实标准可调。国标、部标可换，尤其是当重型击实时，设有变位变径机构，可方便的解决中间一锤的击实，如图2.15所示。

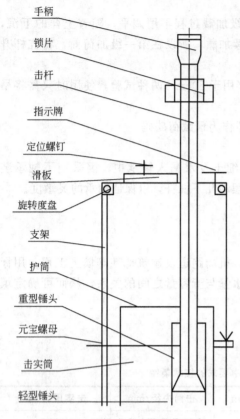

图 2.15　手提式击实仪结构示意

4) 锤迹分布

仪器旋转度盘上有分度点 25 点(国标)，27 点(部标)，13 点(国标)，11 点(部标)。另指示牌上有分度指示点(红色)4 点，具体分度如下。

(1) 国标轻型：25 点中任一点对齐指示牌任一点，即可击一锤，然后旋转度盘间隔 4 点对齐。继续击下一锤，重复 25 击即可。

(2) 国标重型：13 点中任一点对齐指示牌任一点，即可击一锤，然后旋转度盘间隔 2 点对齐。击下一锤，13 锤后，移动滑板击中间一锤。反复 4 次，即 (13+1)×4=56(锤)。

指示牌红点：每移动一次滑板依次换一红点指示，以保证锤迹均匀。

以上分度及击法，仅供参考，用户也可自行分度。

5) 使用方法

(1) 将仪器置于平整的地面上，提起落高跟踪部件，击锤等均被提起。

(2) 旋松击实筒元宝螺母，拆除护筒及锤头保护垫，用毛刷清理击实筒及底座余土。

(3) 装上击实筒、护筒、锁紧元宝螺母，对齐分度点。

(4) 将经过碾压、粉碎、拌匀、调配好的适当含水量的制作土，分成三份或五份，取一份装入筒内，拨平土面，拔除销钉，将落高跟踪部件轻放被击土面上即可开始进行试验。

(5) 提升击锤到顶部，此时击锤被锁停在规定落高的高度上撬动锁片，击锤便自由下落，完成一击，轻轻提起跟踪部件及锤头使其离开土面少许，如第四条所述锤迹分布、击实。

(6) 同理，进第二层、第三层等的试验。

6) 轻重型击实方法的调整

(1) 锤头调整：使用轻型时，只要把轻型锤头部分旋入击杆端部并紧即可。使用重型时，只要把重型锤头旋入击杆端部并紧即可。

(2) 击筒调整：使用重型，大击筒直接装入即可。

7) 变位变径机构的调整

当使用轻型时，旋松定位螺钉，将滑板定于旋转度盘上的中间孔内旋紧定位螺钉即可。

当使用重型时，击四周时，将滑板定于旋转度盘上的最内孔内，击中间时，定于最外侧孔内，同上旋紧定位螺钉即可。

8) 维护保养

(1) 不得在无土或无锤头保护垫的情况下，将锤头自由落下，以免损坏锤头和击实筒。

(2) 使用完毕后，清理击实筒，套上防尘罩，置于干燥通风处。

(3) 不适用酸、碱及有腐蚀性气体的工作场所，如长期不用，表面应涂上油脂，以免仪器锈蚀损坏。

7. 数显液塑限测定仪

1) 用途

用以联合测定小于 0.5mm 粘性土的液限和塑限，即当粘性土在可塑状态下的最大含水量和最小含水量，为划分土类、计算天然稠度、塑性指数提供参数，供工程之用。

仪器采用数字技术、数显位移传感器，具有圆锥仪自由落体下落进入土样，电磁手动、自动控制锥体吸放、自动定时 5s、到时蜂鸣等功能，且具有使用方便，操作简单，标准易于统一，读数准确、直观，且无其他附加力影响等优点。

2) 仪器型号及规格

(1) 型号：仪器（图 2.16）可实现 76g、100g 两用，见表 2.9，通过附加 24g 标准配重块，可最大限度地发挥仪器的使用价值。

图 2.16 SYS 数显液塑限测定仪

表 2.9 液塑限联合测定仪型号

型 号	圆锥仪质量	适宜标准
SYS - 76g	(76±0.1)g	水电部
SYS - 100g	(100±0.1)g	交通部

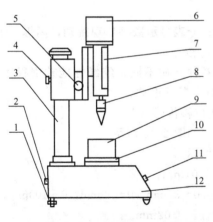

图 2.17 数显液塑限测定仪结构示意
1—调节螺钉；2—开关、保险丝座、电源插座；3—立柱；4—粗调旋钮；5—升降微调旋钮；6—电磁铁；7—数显百分表；8—圆锥仪；9—盛土杯；10—工作台；11—开关面板；12—仪器座

(2) 规格。

测读精度：0.01mm。

延时时间：(5±0.5)s。

测量量程：0～25mm。

仪器净重：3.9kg。

电流电压：(220±22)V，50Hz。

体积（长×宽×高）：220mm×130mm×300mm。

3) 工作原理及结构

仪器采用电磁铁吸住圆锥仪，手动或自动控制磁铁吸放，圆锥仪 30°角的锥尖，入土 5s 时间，由讯响器自动发出蜂鸣，即时读取入土深度。入土深度则由圆锥仪上装有的数字百分表精确显示，可实现任意位置置零，最大值跟踪测量。

仪器主要分 3 部分，结构如图 2.17 所示。

(1) 圆锥仪：包括锥体、落杆、24g 标准配重块。

(2) 数显百分表：量程 0～30mm；分辨精

度 0.01mm。

(3) 电器控制部分：包括线路板、变压器、电磁线圈等。

4) 使用与操作

(1) 调节底脚螺钉，使水准器水泡居中，接好电源线。

(2) 在仪器后面，将开关钮扳向开的方向，此时"电源"、"磁铁"灯亮。

(3) 旋入圆锥仪与表杆连接牢固。76g 不加 24g 配重块。

(4) 旋转粗调旋钮确定最佳位置，防止锥尖最低位置与底座平台相碰撞。

(5) 放入调好土样的盛土杯，转动升降旋钮，使锥体下降；百分表置"0.00"mm 位。

(6) 面板按钮在"手"位置，转动升降旋钮，使锥尖与土样接触，即将"吸放"按钮按下"放"位置，此时圆锥仪下落，仪器自动计时，5s 后发出讯响，立即在数显百分表上读取圆锥仪入土深度。

(7) 按钮若在"自"位置，转动升降旋钮使锥尖与土样接触，"接触"灯亮，此时圆锥仪自动下落，仪器自动计时，5s 后发出讯响，读取圆锥仪入土深度。

(8) 转动升降旋钮，使锥体上升，脱离土样。

(9) 将"吸放"按钮，按下"吸"位置。

(10) 第二、三点土样试验，重复(5)～(9)条。

5) 注意事项及维修

(1) 试验时不得在盛土杯下垫绝缘物。

(2) 周围不得有强磁场及强风。

(3) "吸放"开关按向"放"后，应待 5s 发出讯响后再按向"吸"，以免出现报时误差。

(4) 保护锥尖，防止锥尖最低位置与底座平台相碰撞，可通过粗调旋钮确定最佳位置，以免锥尖损坏。

(5) 数显百分表显示数字出现跳动、闪烁，请及时更换纽扣电池。

(6) 由于各种土质不同，绝缘性能差别很大，"接触"灯有时不亮系正常。

6) 数显线位移传感器

(1) 功能：如图 2.18 所示。

(2) 技术指标。

分辨率：0.01mm。

测量范围：0～30mm，0～50mm，0～100mm。

示值变动性：0.02mm。

测量最大速度：1m/s。

测量系统：非接触线性电容式位移测量系统。

显示：液晶显示五位数及"—"号位，小字体"s"和"in"在使用英制时显示。

电源：SR44W，1.55V 氧化银电池。

工作温度：－10～60℃。

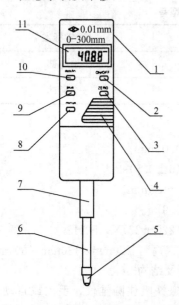

图 2.18 数显线位移传感器示意
1—数据输出端口；2—电源开关(OFF/ON)；3—置零按钮 ZERO(在测量过程中可任意位置置零)；4—电池盖上预置(plus)；5—测头下预置(minus)；6—测杆(φ4.5mm)；7—夹紧套；8—下预置(minus)；9—上预置(plus)；10—公英制转换按钮(mm/in)；11—液晶显示器

湿度影响：相对湿度＜95%不受影响。

数据输出端口：可以与计算机或打印机连接进行数据输出。

(3) 换电池。

① 取下电池盖板按原位置调换新电池，电池正极向外，以防正负极短路。

② 如果装入电池，显示器不计数或不置零时，可取下电池等30s后再装入电池，以消除电路偶然"记忆"。

(4) 使用注意事项。

① 数显百分表表面应保持清洁，避免有水等液态物质渗入表框内，影响正常工作。

② 不用数据输出端口时，不要将端口盖拆下，更不要用金属器件任意触及输出端，以免损坏电子元件。

③ 数显百分表任何部位不能施加电压，不要用电笔刻字，以免损坏数显百分表机芯的集成电路。

④ 常见故障，见表2.10。

表2.10　数显液塑限测定仪常见故障及处理

现　象	原　因	修　理
显示数同时跳跃	电池电压低于1.4V	打开盖调换电池
显示器不计数	电路偶然不"记忆"	取下电池等30s后，重新装入
功能按键不起作用	功能按钮用力过紧或卡住	按动两功能键按钮，使之处于理想位置

8．应变控制式三轴仪

1) 用途

应变控制式三轴仪适用于测定土样的强度、变形和孔隙水压力。根据排水条件的不同，它可做不固结不排水剪（UU）、固结不排水剪（CU）和固结排水剪（CD）。

2) 仪器特点

(1) 压力大，既可做中压（2MPa），也可做低压0～1MPa三轴试验，能满足水利工程中的高坝及大型重要的工程三轴试验需要。

(2) 可做细粒土试验，也可做粗粒土试验。

(3) 电源通用，整套仪器全部为单相220V，50Hz。

(4) 不要配备空气压缩机或其他压力源，仪器由传感器通过测控仪测量控制。数控电动调压筒调压稳压，全水压循环使用。

(5) 操作简便，由于它采用了对压力电测数显数控，所以它液压系统管路少、阀门少，并且直观，易学易懂，操作简便，精度高。

(6) 仪器试验机集试验机和变速箱为一体，体积小、质量轻、振动少、噪声低，适宜室内或现场使用。

(7) 没有水银污染使用安全、可靠。

(8) 压力室耐压高、摩阻小。

3）工作原理

（1）三轴试验时，将制备好的试样用橡胶膜包裹好，放在压力室中，然后对土样施加一定的周围压力和反压力（根据需要），试验机的工作台以一定的速率上升，直至土样破坏。试验中，量力环量测对土样施加的轴向力。

（2）对土样施加的周围压力和反压力是以水为介质，由测控仪设定力值，通过传感器反馈控制电动调压筒调压的。

（3）孔隙水压力通过压阻式传感器跟踪测量，自动数字显示在测控仪面板上。

（4）土样受压后的轴向变形量，由 0～30mm 量程百分表测量。

（5）试验中，土样的体积变化量由反压体变管（加反压时）或体变量管测量土样排出的水量。

4）主要技术参数

试样尺寸：$\phi 39.1mm \times 80mm$，$\phi 61.8mm \times 125mm$。

轴向载荷：0～30kN，相对误差±1%。

升降板行程：0～90mm。

升降板速率：0.0056～4.5mm/min 机械变速，共 16 挡速率。

周围压力（σ_3）：0～2MPa 数显数控，相对误差±1%FS。

反压力（σ_b）：0～0.8MPa 数显数控，相对误差±1%FS。

隙水压力（μ）：0～2MPa 电测数显，相对误差±1%FS。

体变测量：0～50mL 最小分度值 0.1mL。

电源：（220±22）V，50Hz。

整台仪器使用功率小于 300W。

5）结构、原理作用

仪器由试验机、压力室、量力环、测控柜、土样制备工具组成。

（1）试验机：由上横梁、立柱、升降板、主机箱、手轮、电动机开关、电动机组成。

主机箱由电动机（110TDY 永磁式低速同步电动机）驱动，通过变挡轴的不同组合，传动 $i=25$ 的蜗轮副，再转动 T24×5 的螺旋付，组成升降板 16 挡不同的升降速率，达到电动升降的目的。

（2）压力室：是盛放试样的受压容器（图 2.19），能承受水压 2MPa，它由底座及上罩两部分组成，底面有凹台与试验机升降板相配合。

压力室底座上装有周围压力阀门、反压力阀门、孔压测量阀门和孔压传感

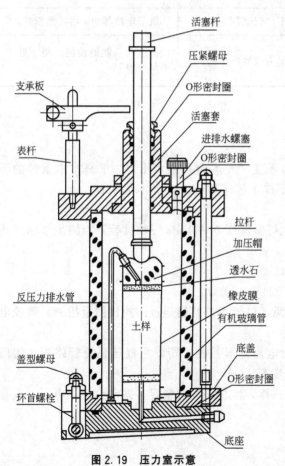

图 2.19　压力室示意

器接头,孔压传感器组成通过电缆与孔压测量仪相连。压力室上罩顶部为精密活塞偶件,活塞直径16mm(小号压力室与中号压力室通用),压力室上罩底部为法兰盘,用盖形螺母与T形螺栓将底座连接。

压力室活塞密封采用两种方式,一是间隙密封并使用7501硅脂,密封并润滑;二是用"O"形耐油橡胶密封圈密封止水,该方式是备于活塞偶件长期使用磨损,导致间隙增大渗漏后,密封用。

(3)量力环:用于试验时测定试样承受的轴向载荷。量力环受压变形是由0级百分表量测,测量时,根据量力环的出厂检定表中变形-载荷计算出试样所承受的轴向力,规格见表2.11。

表2.11 量力环规格表

序号	最大载荷/kN	外形尺寸/mm			测量范围/kN	精度相对误差	材质
		外径	宽度	厚度			
1	1	159	24	4.25	0.1~1	1%	不锈钢弹簧
2	3	159	24	5.75	0.3~3	1%	不锈钢弹簧
3	10	186	38	8	1~10	1%	弹簧钢
4	30	186	38	12.85	3~30	1%	弹簧钢

(4)测控柜:由储水瓶、反压体变管(供加反压时测量试样体积变化量)、体变管(供不加反压时测量试样体积变化量)、量管(供测量体变及保持孔压测量系统充满水不使空气渗入系统)及测控仪组成。

① 压力表:是一个0.4级2.5MPa精密压力表,供量测和监测反压作用,并用于调校测控仪中的反压力用。

② 阀:供施加和关断、卸除压力之用。

③ σ_3 调压筒:周围压力调压筒由调压筒、活塞、70TDY 永磁式低速同步电动机、一对蜗轮付和螺旋付构成,它由测控仪控制,传感器反馈控制同步电动机转动,使活塞前进或后退以保持对试样施加周围压力;松开螺销,手动调压筒手轮可以对调压筒内灌水,排水排气和粗调周围压力。周围压力值可由压力表和测控仪中数字电压表直接读取。

④ σ_b 调压筒:结构同 σ_3 调压筒,它用于对试样施加反压力。

当调压筒活塞移到接近前端即手轮与行程开关接触时,会自动切断电源以保护系统的安全。

(5)周围压力(σ_3)压力数字测控系统,它由测控仪与2MPa压阻式压力传感器构成。

(6)反压力(σ_1)压力数字测控系统,它由测控仪和1MPa压阻式压力传感器构成。

(7)孔隙水压力(μ)测量系统由测控仪和2MPa压阻式压力传感器组成,用于测量试样中孔隙水压力。

(8)试样制备工具,用于制备供三轴试验的土样。

① 饱和器:三轴试验用的土试样大多数都是饱和土。使用时,将试样放入饱和器内,进行毛细管饱和和抽气饱和,它由上盖、底座、透水石和三瓣筒组成,饱和器规格见表2.12。

表 2.12 饱和器规格

型 号	试样直径/mm	试样高度/mm	备 注
小型(12 型)	39.1	80	
中号(30 型)	61.8	125	供选用

② 击实器：击实器供制备扰动试样用。将一定质量及含水量的土放入筒内，分层击实，使之达到规定的容重和尺寸，以备试验用，击实器规格见表 2.13。它由底板、套管、套盖、导杆击锤、三瓣筒(同饱和器通用)等零件组成。

表 2.13 击实器规格

型 号	试样直径/mm	试样高度/mm	击锤质量/g	击锤落高/mm
小型(12 型)	39.1	80	约 300	250
中号(30 型)	61.8	125	约 700	250/300

注：小号、中号击实器不能制备标准击实土样。

图 2.20 三轴仪对开膜

③ 对开膜：对开膜可装在压力室上制备砂土试样，其结构如图 2.20 所示，它由两瓣半圆形模筒同紧箍箍紧，规格见表 2.14，它主要供装三轴试验的土样用。

④ 承膜筒：承膜筒是支撑橡皮膜以套在试样外的工具，筒壁之上气嘴用于抽气，其规格见表 2.15。

⑤ 切土器：切土器用于切制试样，它将试样沿切土器侧壁将土试样切成较为准确的一定尺寸圆柱形。它有一切土边，可平行移动能切制 ϕ39.1 到 ϕ101 直径的土样。

⑥ 原状土分样器：它可将 ϕ100 以上的原状土三等分，然后放在切土器上精切成 ϕ39.1 的圆柱形，可供一组三轴试验。

表 2.14 对开膜规格

型 号	直径/mm	高度/mm	用于无凝聚性试样及装土样用
小型(12 型)	39.1	80	装土样用
中号(30 型)	61.8	125	

表 2.15 承膜筒规格

内径/mm	高度/mm	用于试样尺寸/mm
42	80	ϕ39.1×80
66	125	ϕ61.8×125

6) 安装调试方法

(1) 仪器拆箱后，先按装箱单，清点仪器及附件备件是否齐全、有无损坏、随仪器的文件是否齐全。

(2) 清洗仪器外表面的防锈油,同时检查外观质量。

(3) 全套仪器在环境温度5～35℃,相对湿度小于85%,清洁无振动的环境。

(4) 室内应备有(220±22)V、50Hz电源和水源(供清洗和制备土样用)。

(5) 试验机的安装与调整。

① 将试验机安放在平整、坚实、清洁的工作台上,搬动时不可使立柱受力以免影响仪器精度,仪器应避免阳光直射。

② 试验机应安放水平,检查时可将水平仪放在升降板上,水平度允差1/1000。

③ 安装妥后,接通电源,先手动后电动升降,检查试验机运转是否正常。

④ 调整上横梁位置,按试验需要的压力室与量力环调整上横梁的高度,并保持水平,调整时将上横梁下的滚花螺母上的线对正上横梁上的线即可。

(6) 压力室的安装与调整。

① 装压力室上罩:装压力室上罩时,注意底座上的 $\phi 95 \times 3.10$ 型密封圈一定要在密封槽内,否则会导致渗漏和损坏O形橡胶圈。要注意上罩底面不要碰伤、拉毛,要光结,保证密封面的平整,否则会导致渗漏。上罩装在底座上时,要均匀紧固三只M10盖形螺母,以保证活塞的垂直。

② 量力环:根据试验需要选择合适大小的量力环悬挂在上横梁中心的螺母上。量力环系精密量具,不可超载使用,不可振动与撞击,各紧固螺钉不可拆卸松动,百分表也不可拆卸移动,量力环出厂时经过检定,并附有检定证书,如发现紧固螺钉、夹板和百分表移动,应重新检定。

(7) 恒压系统的安装调整。

① 按系统图装接管路。出厂时测控柜上所有管路及部件都已经装调好,不必重新装接。如因运输或其他原因导致渗漏时,可在安装调试时发现。正常情况下仪器拆箱安放好后,只需将围压、反压、孔压连接压力室即可。

② 液压系统注水。将经过煮沸排气冷却后清洁的蒸馏水通过注水瓶和储水瓶和有关阀门及调压筒注入水压系统。

③ 液压系统排气。分别手动调节两个调压筒,可以对液压系统进行排气。

④ 检漏和耐压试验。分别对水压系统进行检漏和耐水压试验。注意,对恒压系统做超过1MPa的耐压试验时,一定要将 σ_b 系统用阀门关断,否则将损坏反压力传感器和反压力压力表。

⑤ 反压体变管内加红色煤油以供在加反压试验时,测量试验的体积变化量,水压系统经过耐压试验合格后,松去双管体变管上端的螺堵,手动调压筒手轮,降下管内的水位,用不上针头的注射器吸入加上微量烛红(油性染色剂)的淡红色洁净的煤油。注意红色煤油要加得适量,然后转动调压手轮压动液面待到红煤油有点溢出上端的孔时,再适当紧固螺堵即可。至此液压系统全部装调完毕。

(8) 孔压传感器排气。

在三轴试验中孔压系统的体积因素是一个重要指标,而影响体积因素的一个重要的原因就是排气不净,因而排气就是一项必做的重要工作,而且在试验中一定要注意不使空气泡渗入孔压测量系统,排气时将孔压接头上的排气塞旋下,用注射器将无水乙醇注入传感器的孔中(请务必注意针尖只可进入孔中10mm,决不可将针尖插入到底,否则将会损坏传感器的硅膜片而使传感器报废)。然后再将乙醇甩出,这样经过几次待传感器孔清洁干净后,再用针管注入无气蒸馏水后,使孔口向上装在压力室底座上,然后提高量管水位,等水从排气口上溢出时再将排气塞旋上密封。

(9) 密封圈的装接方法。

① 所有密封面一定要光洁、平整、无划痕碰伤。

② 白色高压聚乙烯密封垫。要装平整、紧固力要适中不可过压。

③ O形丁腈橡胶密封圈,安装平整,稍加紧固就可密封。

④ 鼓形密封套,装接时鼓形圈和尼龙管配合不可松;管密封处要光洁不划痕;管子要对正接头;不可过分并紧,最好在检漏时有点渗漏后,逐步压紧以防过压同时能排气。

⑤ 压力传感器和接头是锥形金属刚性密封;紧固力要足够大,最好也是在检漏时有点渗漏再逐步压紧以免损坏;装接时请注意不要扭断电缆及电线接头。

(10) 标定方法。

标定原理:传感器的输入和输出是线形变化的,标定传感器的两个点,就可以绘出传感器的实际值和采样值的对比关系。其他的采样值都可以通过计算得出实际值。

为了提高系统精度,建议用比系统中压力表高一级精度的压力表进行标定。

2.3.2 辅助工具

1. 磁性表座

1) 概述

磁性表座用于支承指示类量具(千分表或百分表),其座位可借助磁力吸附于任何位置的平面或圆柱导磁面上,如图 2.21 所示。转动开关可使座体的磁路接通或切断,吸附及脱开十分方便。由于采用稀土永磁新材料,座体吸附力特强且长期不易退磁。立柱安装方式分为侧面立柱式(A 型)及中间立柱式(B 型)两种。

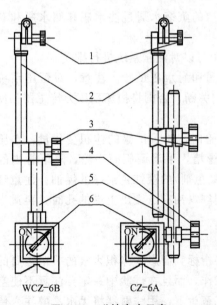

图 2.21 磁性表座示意
1,3,4—调节旋钮;2—横杆;5—立柱;6—开关

2) 技术要求

工作磁力:588N。

剩余磁力:3N。

夹表孔直径:(8+0.022)mm。

质量:1.7kg(A 型)、1.6kg(B 型)。

装盒尺寸:220mm×110mm×80mm。

3) 使用方法

(1) 将磁性表座座体工作面和被吸附面去除防锈油井擦拭干净。

(2) 将指示类量具表颈插于夹表孔中并旋紧件 1。

(3) 旋转开关至"ON"处,座体即与被吸附面吸牢。

(4) 旋松件 3 或件 4 后,可将横杆 2 或立柱 5 调整到需要位臂，然后将相应旋钮旋紧。

(5) 使用结束后应将开关 6 旋至"OFF"处，座体即可从被吸附面上方便取下。

4) 维修保养

(1) 磁性表座在非使用状态，应将开关旋至"OFF"处。

(2) 长期不使用，应将座体工作面清洁并涂防锈油，储存于干燥处。

(3) 座体部分的零件不可随意拆卸，以免影响工作磁力。

2．切土器

1) 用途

当做到无侧限抗压强度试验时，需利用切土器将试样切成要求直径。

2) 结构

仪器结构包括切土器 1 台，直径 39.1、61.8、101 钉盘各 1 只，如图 2.22 所示。

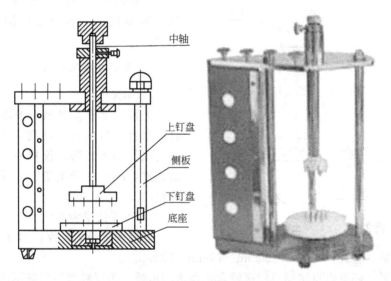

图 2.22 切土器示意

3) 主要规格

可切取土样直径 39.1mm、61.8mm、101mm 等，下钉盘底部装有钢珠使其转动灵活。

4) 使用与保养

将预定试样切成与上钉盘近似大小直径的土样，削平两端面，置于两钉盘之间顶紧，转动中轴，用切土刀或钢丝锯沿着所需直径靠板方向逐转逐切，即可切成所需土样柱。

每次用完后擦洗干净，并于靠板以及中轴，针尖都应涂以油脂，防止生锈。

3．原状取土钻

1) 用途

原状取土钻适用于钻取离地面半公尺以内的原状土样。

2) 结构

取土钻的结构，如图 2.23 所示。

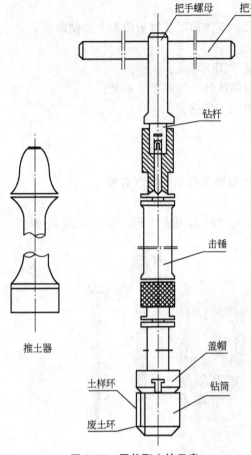

图 2.23 原状取土钻示意

(1)钻筒:内衬有容积为100mL土样环一只及上下废土环各一只。

(2)钻身:由刻度钻标、横把及击锤等组成。

(3)每套取土钻附推土器一只。

3)使用与保养

将钻筒口贴于预定取土的地面上,用击锤击打盖帽,待顶部三个小孔呈现有泥土时应立即停止击打,以免内部土壤受到挤压,然后拔起取土钻取下钻筒,用推土器推出土样环。

当每次使用后应洗净擦干,若估计较长时期不用,应将取土钻涂以油脂以防生锈。

4. 多用液压脱模器

1)用途

为鉴定土质及热铺石油沥青混凝土的容量和含水量的力学性质,须制备不同规格的试件用于试验。仪器能在任何场合脱出试件,广泛用于土工、沥青混凝土试件的脱模。

2)主要技术参数

起重调整最大行程:200mm。

脱模规格:直径150mm、100mm、70mm、50mm。

根据需要,还可以自制相应的模筒套板和推动压板,用以脱出相应的试件。

3)操作方法

(1)工作时模筒套板中间工作台可以上下调动,如图 2.24 所示。

(2)用手压动手柄,使千斤缓慢上升。在千斤接触到推件压板后,继续使千斤运动,试件就可推出试模筒。

4)脱模器的保养

(1)使用完毕,应擦洗干净,存放在通风处。

(2)试件筒(自备)模筒套板用后擦油,把千斤顶放好以防锈蚀。

5. 原状软土分样器

原状软土分样器系三轴试验中附属设备之

图 2.24 脱模器

一，如图 2.25 所示。可对原状软土进行三分土样的分样工作，以提高土样利用率，降低取土费用。

1) 使用方法

调整钢丝松紧时，顺时针转动"收紧器"上的把手，即可调整钢丝的松紧（钢丝不宜缠得过紧，以松些为宜）；转动相应把手可调整钢丝的中心点，为使钢丝架上下灵活，可在滑杆上适当涂些润滑油，放原状软土于底座上，徐徐轻压钢丝架，使钢丝"切入"原状软土中，使之分为三份。

2) 更换钢丝方法

拧下铜蜗轮中间的螺丝取下蜗轮，取下中心轴。更换新的钢丝，装中心轴时，注意新装上的钢丝必须嵌入内园中的狭槽，装上蜗轮拧紧螺丝，顺时针方向转动手柄，使钢丝收紧。

图 2.25 软土分样器示意

注意：钢丝下料长度为 230mm 和 130mm。

6. 真空饱和装置

该装置是根据《土工试验方法标准》(GB/T 50123—1999)中的"试样制备和饱和"一章而制作的真空饱和装置（真空泵另配），采用不锈钢材料制作而成，容积 300mm×300mm（直径×高），质量轻，如图 2.26 所示。

使用该装置饱和土样时，进行装样，将本装置用真空橡管（附件）与真空泵（抽气机）连接。接通电源前：先将"盖"上的两阀门关闭（一只真空阀，一只注水阀）；对盖微加压力，启动真空泵，徐徐开启真空阀（过快开阀会导致真空泵喷油）。此时真空压力表则示真空值，本装置工作正常。

注意事项如下。

（1）如不锈钢桶口密封圈不慎脱落，重装时务必安装平整服帖，方可盖上盖开始抽气，否则，上盖易滑动。

（2）密封圈处不能有油和水等液体，否则放气后上盖不易打开。

（3）由于上盖的密实性佳，开盖时可能致使桶口的密封圈位移，故下次装件时，务必检查，密封圈的正确平整位置（图 2.27），方可加盖工作（由专人负责）。否则将造成饱和装置损坏。

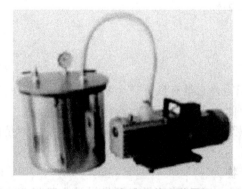

图 2.26 不锈钢真空饱和装置

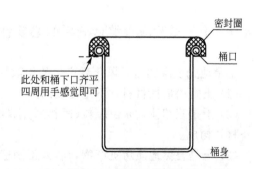

图 2.27 密封圈正确位置

7. 压力表

1) 用途

适用于测量对铜与铜合金不起腐蚀作用的,以及中性无爆炸危险的非结晶液体、气体或蒸汽的压力。

2) 规格

以 Z-60 型压力表为例,产品按 GB/T 1226—2001 标准生产。

测量范围:0.1～0MPa。

精度等级:2.5 级。

3) 使用与维护

(1) 仪表必须垂直安装、搬运。安装时应避免碰撞和振动。

(2) 仪表宜在周围环境温度及被测介质温度为-40～+70℃,相对湿度不大于80%的场所使用。

(3) 仪表在测量稳定负荷时不得超过测量上限的2/3,测量波动压力时,不得用过测量上限的1/2,最低压力,在两种情况下,都不应低于测量上限的1/3。

(4) 在测量腐蚀性介质、可能结晶的介质、粘度较大的介质和剧变波动压力时,应添加隔离装置和缓冲装置。

(5) 仪表应经常进行检定(至少三个月一次),发现故障应及时修理。

2.4 土工试验试验成果的综合分析

土工试验是岩土工程勘察的重要工作内容,在土工试验室进行测试工作,可以取得土和岩石的物理力学性质指标,以供设计计算时使用。不同的建筑工程场地,土质情况的变化是很复杂的,实际工程中没有任何建筑地点呈现出与任何其他地点土质情况特别相似的情形,即使在同一地点,土的性质也可能发生变化,有时甚至相当显著,这就意味着,在进行详细的设计之前,必须对每一地点的土质情况进行详细调查与测试。

然而,由于岩土自身的不均匀性,取样、运输过程中的扰动,以及试验仪器和操作方法的差异及试验人员的素质不同,使得土工试验中测试的结果存在这样那样的问题,导致测试结果失真,在一定程度上影响工程设计的准确性。

2.4.1 土工试验成果综合分析的必要性

土是地壳表层的岩石风化后产生的松散堆积物,它具有以下三个特性。

(1) 土是松散性材料,不是连续的固体,因此,在一定程度上具有"流动性"。

(2) 土是三相体,是由颗粒(固相)、水(液相)和气(气相)所组成的三相体系,不是由单一材料构成。

(3) 土是自然地质历史产物,非人工制造产物。

基于此,土具有不同于其他建筑材料的特征。一般的建筑材料可由设计人员指定品种和型号,品种、型号一经确定,力学性质参数也就确定,土则不同,建(构)筑物是以天然土层作为地基，拟建地点是什么土，设计人员就以该种土作为设计对象。由于土是自然地质历史产物，各种土的颗粒大小和矿物成分差别很大，土的三相间的数量比例不尽相同，而且土粒与其周围的水分又发生了复杂的物理化学作用，因此，造成了土的物理性质的复杂性；土的物理性质又在一定程度上决定了它的力学性质，不同地区的土，又有不同的变化。土的物理性质、力学性质相对于其他材料来说是比较复杂的，例如，土的应力-应变关系是非线性的，土的变形在卸荷后一般不能完全恢复，土的强度也不是一成不变的，土对扰动还特别敏感，等等。那么，通过室内试验测出的土的性质，就存在一个是否准确的问题。如何确定数据的准确性，以及各个指标存在哪些必然的联系，对于从事土工实验的人员有很大的指导意义。

2.4.2 土的物理性试验及试验成果的分析

1. 土的相对密度、密度、含水量试验

土的物理性质试验中，三个最常见最基本的是土的相对密度、密度、含水量，由此可以换算土的干密度、孔隙比、孔隙度、饱和度等指标。这三个指标值的变化，影响其他指标的变化，而且土的一系列力学性质皆随着变化。这些指标值的准确测定非常重要。

在这三个基本指标中，土粒的相对密度是一个相对稳定的值，它取决于土的矿物成分，它的数值一般是 2.6~2.8。淤泥质土为 1.5~1.8，有机质土为 2.4~2.5。同一地区同一类型的土的相对密度基本相同，通常可按经验数值选用，见表 2.16。值得注意的是当土中含有有机质时，土的相对密度可降到 2.4 以下。

表 2.16 土粒相对密度参考值

土的名称	砂土	粉土	粘性土	
			粉质粘性土	粘土
土粒比重	2.65~2.69	2.70~2.71	2.72~2.73	2.74~2.76

土的含水量是三个指标中最不稳定的。不同的土，含水量就可能不一样，而且由于各种因素，如土层的不均匀、取样不标准、取土器和筒壁的挤压、土样在运输和存放期间保护不当等，均影响成果的准确度。人对天平平衡的掌握有差异，测出的质量也就不同，建议采用比较精确且人为因素影响较小的电子天平。

在这些影响因素中，有的属于土样客观存在，有的属于人为造成，需要试验人员结合实际情况，克服不利因素，测出土的比较准确的含水量。

土的密度指标虽然也是一个变化的值，不同的土样重度值不同，但对于某一个土样来说，它的值是比较稳定和比较容易测准的。土的这三个指标是基础，土的其他指标也将通过换算计算出来。计算出来的指标，有时会出现和实际明显不符的情况，如饱和度超过 100% 等，这就说明，原始三个指标的测定有问题，而大多数情况下，问题出在含水量和相对密度的测定上，需要对这两个指标做进一步的确定，保证这两项指标试验值的准确，从而提高其他指标的准确度。

2. 土的液限与塑限

对于工程来说，土的液限、塑限有着比较重要的实用意义。土的塑性指数高，表示土中的胶体粘粒含量大，同时也表示粘土中可能含有蒙脱石或其他高活性的胶体粘粒较多。因此，界限含水量，尤其是液限，能较好地反映出土的某些物理力学特性，如压缩性、胀缩性等。而当前对土的液限、塑限的测定，存在不少问题。

（1）液限标准的确定还处在过渡时期，即圆锥下沉 10mm 和 17mm 处为液限含水量，势必使人们对土的名称和状态产生不同程度的误解，特别是非专业人员，很难搞明白为什么原来是一种土，而现在又是另一种土，原来处在一种状态而现在又处在另外一种状态。

（2）大多数试验人员，只受过几个月的培训，因此，它们对于土的状态的确定并不是很明确，比如，国标中把粘性土的状态按液性指数的大小分为坚硬、硬塑、可塑、软塑、流塑，而一旦测出土的状态为坚硬或流塑，就会产生怀疑，所测土并不像想象中那么坚硬或流塑。其实，规程中对土的状态的确定只是在一定标准下，给土的状态定名而已，并不是人们想象中的坚硬就应该像石头一样，流塑就像水流动似的。

（3）对于塑性指数小于 10 的土，以前叫做轻亚粘土，而新规程称为粉土。这种土存在与否会产生液化的问题，因此，要根据工程要求，进行相关的粘粒（小于 0.005mm 颗粒含量）的测定。

（4）对于测定土的液、塑限时取标准样的问题，规程上大多规定土要过 0.5mm 的筛，才能进行试验。在实际操作中，有一些土用眼睛观察含有较多砂粒，一旦过 0.5mm 筛后做试验，测出的土塑性指数可能很大，不能反映土的实际情况。因此，对于这种土最好能采用筛分法确定砂粒含量，如果砂粒含量已达到确定该土为砂土的标准，那么就不必再做液、塑限试验，反之则可进行相应的液、塑限试验确定土的名称。实际上，有些土是处在杂土状态，无法确定名称，这种情况下，可以根据工程需要，做相应的处理。例如，以土中粘粒为主做试验或以砂粒为主做试验，目的就是反映土的真实情况，为工程建设服务。

3. 土的物性指标之间的对比分析

土的物性指标间是相互关联的，因此，当这些指标出来以后，可以将这些指标放到一起，进行综合分析，从而对这些指标的准确性进行判别。例如，在有些成果中，会出现饱和度超过 100% 的现象，这就说明，在某些试验数据中，存在误差或者错误，就需要根据实际情况进行调整，必要的情况下要重做试验。例如，本来在开土的时候，发现土是处在硬塑状态，而结果却是土处在流塑状态，这种情况，一则说明含水量测定有问题；二则可能液限、塑限结果存在误差。大多数情况下，会是因为天然含水量不准造成土的状态确定不准。通过一系列对物性指标间关系统一分析，可使得试验成果的精度进一步提高，为工程建设提供准确的数据。

2.4.3 土的力学试验及试验成果分析

1. 土的固结试验

固结试验是测定土体在压力作用下的压缩特性。在实际工程中，由于土层的压缩，致使其上部建筑物或构筑物沿重力方向产生沉降。如上下土层的压缩性不等，或上部建筑物荷载不一，皆可促成同一平面上的不均匀沉降。

在天然地基设计中，常需根据设计的要求，控制建筑物的沉降量；或其他各部的沉降差在某一允许范围之内，以满足使用上的要求及建筑物的安全条件。因此，要测定土的压缩性借以计算建筑物或构筑物的沉降量,作为设计的控制数据。除一些特殊工程要在现场做测试外,大多数试验是在室内进行的。影响成果准确度的因素也很多,有一些是比较容易找到原因的,如在开土取土的过程中,感到土是较软的或测出的液性指数较低,而测出的压缩系数小,这说明试验操作有误或记录有误,要检查各个环节。实在找不出原因采取补救措施的话,就要重新取土测试。

2. 土的抗剪强度试验

土的抗剪强度是指土体抵抗剪切破坏的极限能力,是土的重要力学性质之一。在计算承载力、评价地基稳定性及计算挡土墙的土的压力时,都要用到土的抗剪强度指标,因此正确地测定土的抗剪强度在工程上具有重要意义。

抗剪强度的试验方法有多种,在实验室内常用的有直接剪切试验、三轴压缩试验和无测限抗压试验。在现场原位测试的有十字板剪切试验、大型直接剪切试验等。相对来说,室内试验的规律性要比现场原位测试好得多。虽然如此,室内试验测出的结果有时和理论上的数据存在很大的差距。例如,无粘性土的 c(内聚力)值应为 0,而在大多数试验中,测出的值不一定为 0,这实际上也是正常的,因为在我们所测出的抗剪强度指标中,并不是说 c 值完全代表土的凝聚力,而 ϕ 值也不完全代表内摩擦力,而是两者互相包含,都代表土的抗剪强度的一部分。在有些直接剪切试验结果中,有时甚至会出现粘聚力 c 为负值的现象,主要原因在于取标准样时,所取试样的性质相差太大。也就是说,不是同一种性质的土拿到一起做试验,结果自然不会符合规律。在三轴压缩试验中,如果采用不固结不排水剪,那么从理论上讲,抗剪强度包线应为水平线,即 ϕ(内摩擦角)为 0。但是实际测出的结果中,总是或多或少地存在一定倾角 ϕ。造成这种现象的原因,一方面是取土质量问题,另一方面在安装试件时对土产生了一定的扰动,使土得到了不同程度的固结等。但这并不能说结果是错误的,因为它反映了土中的应力分布实际情况,对于实际工程来说,有着很大的实用意义。

因此,我们在判断试验结果是否准确,不能仅从理论上确定,而要考虑多方面客观因素,结合实际分析,以期对土的受力情况有一个正确的判断。

3. 土的固结试验成果与抗剪强度之间的联系

土的压缩特性和抗剪强度有着一定的关系,利用这种关系,我们可以直观判断压缩结果和抗剪结果是否准确。一般情况下,土的压缩性越高,压缩模量越低,而它的快剪强度则越小。当然,在有些情况下,要求做固结快剪,那么,这种关系可能就不成立了,需要按实际测出的强度情况判断。

4. 物理性试验成果和力学试验成果的统一对比与分析

土的物理性质和力学性质是紧密相关的。通常情况下,土的物理性质基本上能够决定土的力学性质。在室内试验中,可以做一比较。比如对于不同的密度、含水量、液限、塑限的土,它的抗剪强度、压缩性质有怎样的变化,随着做试验时间的增长,慢慢可以从中找出一定的规律。当然由于土的形式的复杂性,经常出现一些意外情况,这就需要我们本着实事求是的态度,保证测出结果的准确性。如果将土的物理性和力学性质统一起来,必将有利于我们对土的性质的认识,其中的规律也有待我们进一步探讨。

第3章 土的物理性质试验

3.1 密度试验

土的密度是指土的单位体积质量,是土的基本物理性质指标之一。在天然状态下的密度称为天然密度,其单位为 g/cm³。

3.1.1 试验目的与原理

本试验将测定单位体积的土的质量(称为密度),以便了解土的疏密和干湿状态,用于换算土的其他物理力学指标、进行工程设计及控制施工质量。

这里所指的密度是湿密度 ρ,除此还有干密度 ρ_d、饱和密度 ρ_{sat} 和浮密度 ρ'。

3.1.2 试验方法和适用范围

1. 试验方法

有环刀法、水银排开法、蜡封法、密度湿度计法、灌砂法和囊式体积法等。这里仅介绍环刀法和蜡封法。

2. 适用范围

(1) 对于一般粘性土,多采用环刀法。该方法操作简便,在室内或野外被普遍采用,不适用于测定含砾石颗粒的细粒土。

(2) 蜡封法适用于粘性土,特别是对于易破裂的土,难以切削或形状不规则的坚硬土更为适合。此类土也可采用水银排出法(将土样称量后,压入盛满水银的器皿中,根据排出水银的体积便可求出土的密度)。

(3) 在野外现场条件下,不能取粗颗粒土(砂土、砂砾土、砂卵石)原状土样时,可采用灌砂法[在测试地点挖一个小坑,称量挖出来的砂卵石质量,然后将事先率定(知道质量和体积关系)的风干标准砂轻轻倒入小坑,根据倒入砂的质量可以计算出坑的体积,从而计算出砂卵石的密度]或灌水法。

3.1.3 仪器设备构造和使用方法

土的密度试验所使用的仪器设备如下。

(1) 环刀(内径 6.18cm，横截面面积 30cm²，高 20mm，壁厚 1.5mm)，如图 3.1 所示。

(2) 天平：称量 2800g，感量 0.1g，如图 3.2 所示。

图 3.1 环刀(带刃口的薄壁金属环)

图 3.2 电子天平

(3) 其他：熔蜡加热器、游标卡尺、钢丝锯(图 3.3)、刮土刀(图 3.4)、修土刀(图 3.5)、调土刀(图 3.6)、凡士林油(图 3.7)、毛玻璃板(图 3.8)和圆玻璃片等。

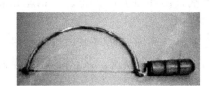

图 3.3 钢丝锯

图 3.4 刮土刀

图 3.5 修土刀

图 3.6 调土刀

图 3.7 凡士林油

图 3.8 毛玻璃

3.1.4 试验操作步骤

1. 环刀法

即用一定体积的环刀切土(图3.9)，然后称质量，得出环刀内土的体积和质量，即可算出土的密度。

图 3.9 环刀切取土样

(1) 用卡尺测出环刀的高和内径，并计算出环刀的体积 V (cm^3)。在天平上称环刀的质量 m_0，准确至0.1g。

(2) 按工程需要取原状土或人工制备所需的扰动土样，其直径和高度应大于环刀的尺寸，整平两端放在玻璃板上。

(3) 在环刀内壁涂一层薄薄的凡士林油，并将其刃口向下放在试样上。

(4) 用修土刀沿环刀外缘将土样削成略大于环刀直径的土柱，然后慢慢将环刀垂直下压，边压边削去刃口外壁外的余土，直到土样上端冒出环刀上口为止。用钢丝锯将环刀下口多余的土样锯掉。

(5) 用刮土刀仔细刮平环刀两端的余土，使土面与环刀口面齐平。注意刮平时不得使土样扰动或压密，在两端盖上平滑的圆玻璃片，以免水分蒸发。用削下的土样做含水量试验。

(6) 擦净环刀外壁，拿去圆玻璃片，称量环刀加土的质量 m_0+m，准确至0.1g。

(7) 用推土器将试样从环刀中推出。

2. 蜡封法

蜡封法也称为浮称法，将要测定密度的土样质量称出后浸入刚熔化的石蜡中，使试样表面包上一层蜡膜，分别称量蜡加土后在空气及水中的质量，已知蜡的密度，通过简单的计算便可求得土的密度。

其试验原理是依据阿基米德原理(即物体在水中失去的质量等于排开同体积水的质量)来测出土的体积，考虑到土体浸水后会崩解、吸水等问题，在土体外涂一层蜡。

(1) 从原状土样中切取体积不小于 $30cm^2$ 的代表性试样，削去表面上松散的浮土及尖锐的棱角后，用细线系上并置于天平的左端称量，准确至0.01g。

(2) 持续将试样缓慢浸入刚过熔点的蜡液中，待全部浸没后，立即将试样提出。检查试样四周的蜡膜有无气泡存在，当有气泡存在时，可用热针刺破，再用蜡液补平。待冷却后，称蜡封试样的质量，准确至0.01g。

(3) 用细线将蜡封试样吊挂在天平的左端，并将试样浸没在纯水中，称取蜡封试样在纯水中的质量，准确至0.01g，同时测记纯水的温度。

(4) 取出试样，擦干蜡封试样表面上的水分，再称一次蜡封试样的质量，以检查蜡封试样中是否有水浸入。若蜡封试样质量增加，则说明蜡封试样内部有水浸入，应另取试样重做试验。

3.1.5 试验数据记录与成果整理

1. 环刀法

1) 计算土的密度

按式(3.1)计算湿密度

$$\rho = \frac{(m_0 + m) - m_0}{V} \tag{3.1}$$

式中：ρ——土的湿密度(g/cm^3)；

$(m_0 + m)$——环刀加土的质量(g)；

m_0——环刀质量(g)；

V——环刀体积(cm^3)。

计算到 $0.01 g/cm^3$。

2) 试验记录

试验数据可按表3.1所示的格式记录。

表 3.1 密度试验记录(环刀法)

工程编号：_____   试验者：_____
钻孔编号：_____   计算者：_____
试样说明：_____   校核者：_____

试验日期	土样编号	环刀号码	环刀质量 m_0/g ①	环刀+湿土质量 $(m_0+m)/g$ ②	湿土质量 m/g ③=①-②	环刀容积 V/cm^3 ④	试样密度 $\rho/(g/cm^3)$ ⑤=③/④

2. 蜡封法

1) 计算土的密度

按下式计算湿密度：

$$\rho = \frac{m_0}{\dfrac{m_n - m_{nw}}{\rho_{wT}} - \dfrac{m_n - m_0}{\rho_n}} \tag{3.2}$$

式中：ρ——土的湿密度(g/cm^3)；

m_0——湿土的质量(g)；

m_n——蜡封试样质量(g)；

m_{nw}——蜡封试样在纯水中的质量(g)；

ρ_{wT}——纯水在 $T℃$ 时的密度(g/cm^3)；

ρ_n——蜡的密度（g/cm³）。

2）试验记录

试验数据可按表 3.2 所示的格式记录。

表 3.2　密度试验（蜡封法）

工程编号：＿＿＿＿＿＿　　　　　　　试验者：＿＿＿＿＿＿
钻孔编号：＿＿＿＿＿＿　　　　　　　计算者：＿＿＿＿＿＿
试样说明：＿＿＿＿＿＿　　　　　　　校核者：＿＿＿＿＿＿

试验日期	土样编号	试样质量/g	蜡封试样质量/g	蜡封试样水中质量/g	温度/℃	纯水在T℃时的密度/(g/cm³)	蜡封试样体积/cm³	蜡体积/cm³	试样体积/cm³	试样密度/(g/cm³)
		①	②	③		④	⑤=(②-③)/④	⑥=(②-①)/ρ_n	⑦=⑤-⑥	⑧=①/⑦

3.1.6　试验注意事项

本试验需要进行二次平行试验，其平行差值不大于 0.03g/cm³，满足要求后取两次测值的算术平均值。

(1) 操作要快，动作细心，以避免土样被扰动破坏结构及水分蒸发。

(2) 环刀一定要垂直，加力适当，方向要正。

(3) 边压边削的时候，切土刀要向外倾斜，以免把环刀下面的土样削空。严禁在土面上反复涂抹。

(4) 如果使用电子天平称重则必须预热，称重时精确至小数点后两位。称取前，把土样削平并擦净环刀外壁。

3.1.7　分析思考题

(1) 测定土的密度的方法有哪几种？各适用于什么情况？

(2) 测定密度用的环刀直径和高度比过大或过小，会对密度的测定产生什么影响？

(3) 环刀法适合测定哪些类型土的密度？

(4) 环刀取样时为什么要对环刀外侧的土样边压边削？

3.2　颗粒分析试验

在工程中常用土中各粒组的相对含量占总质量的百分数来表示粒径的分布情况，称为粒径级配，这是决定无粘性土工程性质的主要因素，以此作为土的分类定名标准。

土的颗粒组成在一定程度上反映了土的性质，工程上常依据颗粒组成对土进行分类。粗粒土主要是依据颗粒组成进行分类的，细粒土由于矿物成分、颗粒形状及胶体含量等因素，不能单以颗粒组成进行分类，而要借助于塑性图或塑性指数进行分类。

3.2.1 试验目的与原理

颗粒大小分析试验的目的是测定干土中各种粒组占该土总质量的百分数，借以明确颗粒大小分布情况，判断土的组成、级配性质，据此土的分类与概略判断土的工程性质及选料。

筛分法适用于土粒直径大于 0.075mm 的土，主要设备是一套标准分析筛。将干土样倒入标准筛中，盖严上盖，置于筛析机上振筛 10~15min。由上而下顺序称各级筛上和底盘内的式样的质量。少量试验可用人工筛。

比重计法，是将一定量的土样（粒径小于 0.075mm）放在量筒中，然后加蒸馏水，经过搅拌，使土的大小颗粒在水中均匀分布，当土粒在液体中靠自重下沉时，较大的颗粒下沉较快，而较小的颗粒则下沉较慢。在土粒沉降过程中，用比重计测出在悬液中对应于不同时间的不同悬液密度，根据比重计读数和土粒的下沉时间即可计算出粒径小于某一粒径 d(mm)的颗粒占土样的百分数。

3.2.2 试验方法和适用范围

试验方法可分为筛分法和沉降分析法，其中沉降分析法又分为比重计法（比重计法）和移液管法等。

1. 筛分法

筛析法是用于测定土的颗粒组成最简单的一种试验方法，就是使土样通过各种不同孔径的筛子（由上至下孔径自大到小叠在一起），通过筛析后，得到不同孔径筛上的土，并按筛与孔径的大小将颗粒加以分组，然后再称量并计算出各个粒组占总量的百分数，适用于 0.075mm＜粒径≤60mm 的土。

2. 沉降分析法（比重计法）

比重计法适用于粒径小于 0.075mm 的土。

小球体在水中下沉时满足：小球体在水中沉降的速度是恒定的；小球体沉降速率与球体直径 d 的平方成正比。比重计法正是利用这一原理来进行颗粒分析的。

比重计是测定液体比重的仪器。它的主体是个玻璃浮泡，浮泡下端有固定的重物，使比重计能直立地浮于液体中；浮泡上为细长的刻度杆，其上有刻度数和读数。目前，使用的有甲种比重计和乙种比重计两种型号，本试验采用甲种比重计。甲种比重计刻度杆上的刻度单位表示 20℃时每 1000cm³ 悬液内所含土粒的质量。由于受实验室多种因素的影响，若悬液温度不是 20℃时悬液的密度（或土粒质量），必须将初读数经温度校正；此外，还需进行弯液面校正、刻度校正、分散剂校正。

比重计法是通过测定土粒直沉降速度(采用斯托可斯公式来求土粒在静水中的沉降速度),来求得相应的土粒直径的方法,如式(3.3)所示:

$$d = \sqrt{\frac{1800 \times 10^4 \cdot \eta}{(G_s - G_{wT})\rho_{wTg}} \times \frac{L}{t}} \quad (3.3)$$

式中:η——水的动力粘滞系数(kPa·s×10^{-6});
G_{wT}——T℃时水的比重;
ρ_{wTg}——T℃时纯水的密度(g/cm³);
L——某一时间内的土粒沉降距离(cm);
T——沉降时间(s);
g——重力加速度(cm/s²)。

已知密度的均匀悬液在静置过程中,由于不同粒径土粒的下沉速度不同,粗、细颗粒发生分异现象。随粗颗粒不断沉至容器底部,悬液密度逐渐减小。比重计在悬液中的沉浮取决于悬液的密度变化。密度大时浮得高,读数大;密度小时浮得低,读数小。在悬液静置一定时间 t 后,将比重计放入盛有悬液的量筒中,可根据比重计刻度杆与液面指示的读数测得某深度 H_t(称为有效深度)处的密度,并可按式(3.3)求出下沉至 H_t 处的最大粒径 d;同时,通过计算即可求出 H_t 处单位体积悬液中直径小于 d 的土粒含量,以及这种土粒在全部土样中所占的百分含量。由于悬液在静置过程中密度逐渐减小,相隔一段时间测定一次读数,就可以求出不同粒径在土中的相对含量。

3.2.3 仪器设备构造和使用方法

1. 筛分法

(1)标准筛(图 3.10):粗筛(圆孔),孔径为 60mm、40mm、20mm、10mm、5mm、2mm;细筛,孔径为 2mm、0.5mm、0.25mm、0.1mm、0.075mm。

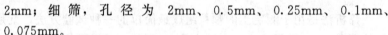

(2)天平:称量 1000g;称量 200g。

(3)其他:烘箱、研钵、振筛机、瓷盘、毛刷、木碾等。

2. 比重计法

(1)比重计:目前通常采用的比重计有甲、乙两种,现介绍甲种比重计。甲种比重计刻度为 0~60,最小分度单位为 1.0,如图 3.11 所示。

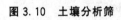

图 3.10 土壤分析筛

(2)量筒:容积为 1000mL,如图 3.12 所示。

(3)天平:称量 200g,分度值 0.01g。

(4)搅拌器:轮径 50mm,孔径 3mm。

(5)煮沸设备:电热器、三角烧瓶等。

(6)分散剂:4%六偏磷酸钠或其他分散剂。

(7)其他:温度计、蒸馏水、烧杯、研钵和秒表等。

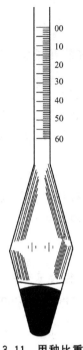

图 3.11 甲种比重计

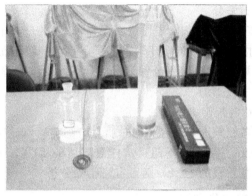

图 3.12 比重计法所用器具

3.2.4 试验操作步骤

1. 筛分法

(1) 将风干土样用研棒轻轻碾压,使之分散成单粒状。

(2) 四分法取代表性土样:均匀铺开试样,用棍棒画十字对角线、用手铲对角取样(图 3.13),可重复应用四分法,直到取出试验规定数量的试样。

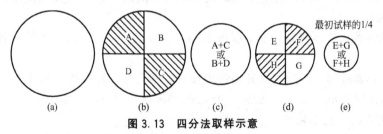

图 3.13 四分法取样示意

图 3.13 中,(a)为均匀铺开;(b)为四等分,选取对角线所夹任意两部分;(c)为将取出部分均匀混合并铺开;(d)为再四等分,取对角线所夹任意两部分;(e)为将取出部分均匀混合,经两次取样,取出的试样为全部试样的 1/4。

本试验按下列规定取出代表性试样:

① 粒径小于 2mm 颗粒的土取 100~300g;

② 最大粒径小于 10mm 的土取 300~1000g;

③ 最大粒径小于 20mm 的土取 1000~2000g;

④ 最大粒径小于 40mm 的土取 2000~4000g;

⑤ 最大粒径大于 40mm 的土取 4000g 以上。

(3) 称取待筛分土样。

(4) 将根据土样选取的筛，按孔径由小到大的顺序叠好，并放好底盘，将土样倒入最上层(孔径最大)的筛上。

将称好的试样分批过 2mm 筛，分别称出筛上和筛下土的质量。

把大于 2mm 筛上试样倒入依次叠好的粗筛的最上层筛中，进行筛分；若 2mm 筛下的试样数量过多，可以用四分法缩分至 100～800g，然后也将试样倒入依次叠好的最上层细筛中，进行筛分。

(5) 轻轻振筛(细筛也可放在振筛机上振摇)，振摇时间一般为 10～15min。

(6) 按由上至下的顺序取下筛子，每取一级筛都要在瓷盘或白纸上用手轻叩摇晃，直至无土粒漏下为止(至每分钟筛下数量不大于该级筛余质量的 1% 为止)，将漏下的土粒全部放入下一级筛内。

(7) 称各级筛上留下的土重。

筛后各级筛上和筛底土的总质量与筛前所取试样质量之差不得大于 1%。

若 2mm 筛下的土不超过试样总质量的 10%，可省略细筛分析；若 2mm 筛上的土不超过试样总质量的 10%，则可省略粗筛分析。

2. 比重计法

(1) 取有代表性的风干或烘干土样 100～200g，放入研钵中，用带橡皮头的研棒研散，将研散后的土过 0.075mm 筛，均匀拌和后称取土样 30g。

(2) 将土样放入三角烧瓶中，加入蒸馏水 200mL 左右，进行浸泡，浸泡时间不少于 18h。

(3) 将浸泡好后的试样稍加摇荡后，放在电热器上煮沸。煮沸时间从沸腾时开始，粘土约需要 1h，其他土不少于半小时，冷却至室温。对于教学试验，浸泡试样及煮沸分散均在实验室准备。

(4) 将冷却后的悬液倒入 1000mL 的量筒内，冲洗烧瓶内残留悬液并倒入量筒中。

(5) 加 4% 浓度的六偏磷酸钠分散剂约 10mL 于溶液中，再注入蒸馏水，使筒内的悬液达到 1000mL。

(6) 用搅拌器从液面至筒底上下搅拌 1min 左右，上下往返各约 30 次，使悬液内的土粒均匀分布。

(7) 将搅拌器提离液面的同时开动秒表计时，将比重计轻轻放入悬液中。

(8) 观察历时 1min、2min、5min、15min、30min、60min、240min、1440min 时的比重计读数，读数以弯液面为准。

(9) 每次测读完后，立即将比重计取出，放入盛水量筒中，同时测记悬液温度，准确至 0.5℃。

3.2.5 试验数据记录与成果整理

1. 试验记录

1) 筛分法

筛分结果可按表 3.3 所示的格式记录。

表3.3 颗粒分析试验记录(筛分法)

土样编号_____　　　干土质量_____　　　试验者_____

土样说明_____　　　试验日期_____　　　校核者_____

筛前总土质量=_____g

孔径/mm	留筛质量/g	累计留筛质量/g	小于该孔径的土质量/g	小于该孔径的土质量百分比/%
60				
40				
20				
10				
5				
2				
1				
0.5				
0.25				
0.075				
底盘				

2) 比重计法

试验结果可按表3.4所示的格式记录。

表3.4 颗粒分析试验记录表(比重计法)

土样编号_____　　　比重计号_____　　　试 验 者_____

干土质量_____　　　量 筒 号_____　　　校 核 者_____

土粒比重_____　　　比重计校正值_____　　　试验日期_____

下沉时间 t/min	悬液温度 T/℃	比重计读数 R	温度校正值 m_t	刻度弯液面校正值 n	分散剂校正值 h	$R_m = R_0 + m_t + n - h$	$R_H = R_m \times C_s$	土粒落距 L/cm	粒径 d/mm	小于某孔径的土质量百分数/%
1										
5										
30										
120										
1440										

2. 计算

1) 筛分法

计算各粒组的百分含量：

$$X = \frac{W_A}{W_B} d_X \tag{3.4}$$

式中：X——小于某粒径的土重占总土重的百分比(%)；

W_A——小于某粒径的土重(g)；

W_B——筛分试样总重(g)；

d_X——粒径小于 2mm 的土重占总土重的百分比(用于小于 2mm 的土样用四分法缩分取样的情况)，当土中无大于 2mm 的颗粒筛分时，$d_X = 100\%$。

当小于 2mm 的土样用四分法缩分取样时，试样中小于某孔径土质量百分比用式(3.5)计算

$$X = \frac{W_a}{W_b} d_X \tag{3.5}$$

式中：W_a——通过 2mm 筛的土样中小于某孔径的土重(g)；

W_b——通过 2mm 筛的土样中所取试样的质量(g)。

2) 比重计法

计算各粒组的百分比含量的操作方法。

(1) 由于刻度、温度与加入分散剂等原因，比重计每一次读数需先经弯液面校正后，由实验室提供的 $R-L$ 关系图查得土粒有效沉降距离，计算颗粒的直径 d，可按简化公式计算：

$$d = K \sqrt{\frac{L}{t}} \tag{3.6}$$

式中：d——颗粒直径(mm)；

K——粒径计算系数，见表 3.5；

L——某时间 t 内的土粒沉降距离(由实验室提供的资料查得)；

t——沉降时间(s)。

表 3.5 粒径计算系数 K 值

温度 密度	5	6	7	8	9	10	11	12	13	14	15	16	17
2.45	0.1385	0.1365	0.1344	0.1324	0.1305	0.1288	0.1270	0.1253	0.1235	0.1221	0.1205	0.1189	0.1173
2.50	0.1360	0.1342	0.1321	0.1302	0.1283	0.1267	0.1249	0.1232	0.1214	0.1200	0.1184	0.1169	0.1154
2.55	0.1339	0.1320	0.1300	0.1281	0.1262	0.1247	0.1229	0.1212	0.1195	0.1180	0.1165	0.1150	0.1135
2.60	0.1318	0.1299	0.1280	0.1260	0.1242	0.1227	0.1209	0.1193	0.1175	0.1162	0.1148	0.1132	0.1118
2.65	0.1298	0.1280	0.1260	0.1241	0.1224	0.1208	0.1190	0.1175	0.1158	0.1149	0.1130	0.1115	0.1100
2.70	0.1279	0.1261	0.1241	0.1223	0.1205	0.1189	0.1173	0.1157	0.1141	0.1127	0.1113	0.1098	0.1085
2.75	0.1261	0.1243	0.1224	0.1205	0.1187	0.1173	0.1156	0.1140	0.1124	0.1111	0.1096	0.1083	0.1069
2.80	0.1243	0.1225	0.1206	0.1188	0.1171	0.1156	0.1140	0.1124	0.1109	0.1095	0.1081	0.1067	0.1047
2.85	0.1226	0.1208	0.1189	0.1182	0.1164	0.1141	0.1124	0.1109	0.1094	0.1080	0.1067	0.1053	0.1039

(续)

温度 密度	18	19	20	21	22	23	24	25	26	27	28	29	30
2.45	0.1159	0.1145	0.1130	0.1118	0.1103	0.1091	0.1078	0.1065	0.1054	0.1041	0.1032	0.1019	0.1008
2.50	0.1140	0.1125	0.1111	0.1099	0.1085	0.1072	0.1061	0.1047	0.1035	0.1024	0.1014	0.1002	0.0991
2.55	0.1121	0.1108	0.1093	0.1081	0.1067	0.1055	0.1044	0.1031	0.1019	0.1007	0.0998	0.0986	0.0975
2.60	0.1103	0.1090	0.1075	0.1064	0.1050	0.1038	0.1028	0.1014	0.1003	0.0992	0.0982	0.0971	0.0960
2.65	0.1085	0.1073	0.1059	0.1043	0.1035	0.1023	0.1012	0.0999	0.0988	0.0977	0.0967	0.0956	0.0945
2.70	0.1071	0.1058	0.1043	0.1033	0.1019	0.1007	0.0997	0.0984	0.0973	0.0962	0.0953	0.0941	0.0931
2.75	0.1055	0.1031	0.1029	0.1018	0.1004	0.0993	0.0982	0.0970	0.0959	0.0948	0.0940	0.0928	0.0918
2.80	0.1040	0.1088	0.1014	0.1003	0.0990	0.0979	0.0960	0.0957	0.0946	0.0935	0.0926	0.0914	0.0905
2.85	0.1026	0.1014	0.1000	0.0990	0.0977	0.0966	0.0956	0.0943	0.0933	0.0923	0.0913	0.0903	0.0893

备注：温度单位为℃，密度单位为 g/cm³。

（2）将每一读数经过刻度与弯液面校正、温度校正、土粒比重校正和分散剂校正后，计算小于某粒径的土质量百分数：

$$X = \frac{100}{m_s} C_s (R_0 + m_t + n - h) d_X \qquad (3.7)$$

式中：X——小于某粒径的土质量百分数(％)；

m_s——试样干燥时的质量(g)；

C_s——比重计校正系数，可查甲种比重计的土粒比重校正值表，见表3.6；

R_0——比重计读数；

m_t——温度校正值，可查甲种比重计的温度校正值表，见表3.7；

n——刻度及弯液面校正值（由实验室提供的图表中查得）；

h——分散剂校正值（由实验室提供的资料中查得）。

表3.6　土粒比重校正值（甲种比重计）

土粒比重	校正值 C_s	土粒比重	校正值 C_s	土粒比重	校正值 C_s	土粒比重	校正值 C_s
2.50	1.038	2.60	1.012	2.70	0.989	2.80	0.969
2.52	1.032	2.62	1.007	2.72	0.985	2.82	0.965
2.54	1.027	2.64	1.002	2.74	0.981	2.84	0.961
2.56	1.022	2.66	0.998	2.76	0.977	2.86	0.958
2.58	1.017	2.68	0.993	2.78	0.973	2.88	0.954

表3.7 悬液温度校正值(甲种比重计)

温度/℃	校正值 m_t	温度/℃	校正值 m_t	温度/℃	校正值 m_t	温度/℃	校正值 m_t
10.0	−2.0	15.5	−1.1	21.0	+0.3	26.5	+2.2
10.5	−1.9	16.0	−1.0	21.5	+0.5	27.0	+2.5
11.0	−1.9	16.5	−0.9	22.0	+0.6	27.5	+2.6
11.5	−1.8	17.0	−0.8	22.5	+0.8	28.0	+2.9
12.0	−1.8	17.5	−0.7	23.0	+0.9	28.5	+3.1
12.5	−1.7	18.0	−0.5	23.5	+1.1	29.0	+3.3
13.0	−1.6	18.0	−0.5	24.0	+1.3	29.5	+3.5
13.5	−1.5	18.5	−0.4	24.5	+1.5	30.0	+3.7
14.0	−1.4	19.0	−0.3	25.0	+1.7		
14.5	−1.3	19.5	−0.1	25.5	+1.9		
15.0	−1.2	20.0	0.0	26.0	+2.1		

3. 绘制粒度分析曲线

用小于某粒径的土质量百分数 $X(\%)$ 为纵坐标、粒径 $d(\mathrm{mm})$ 的对数为横坐标的对数坐标纸(图3.14)绘制颗粒大小级配曲线。

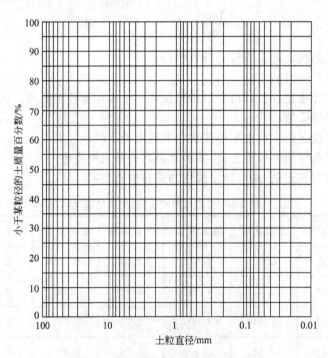

图3.14 颗粒分析曲线用半对数坐标

将筛分及计算结果绘制在坐标中,形式如图3.15所示。

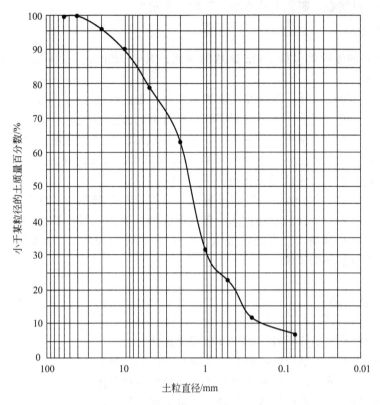

图 3.15 土样筛分曲线

4. 不均匀系数

计算不均匀系数：

$$C_u = \frac{d_{60}}{d_{10}} \tag{3.8}$$

式中：C_u——不均匀系数；
　　　d_{60}——小于某孔径土质量为60%的粒径(mm)；
　　　d_{10}——小于某孔径土质量为10%的粒径(mm)。

计算曲率系数：

$$C_c = \frac{d_{30}^2}{d_{10} \cdot d_{60}} \tag{3.9}$$

式中：C_c——曲率系数；
　　　d_{30}——小于某孔径土质量为30%的粒径(mm)。

3.2.6　试验注意事项

1. 筛分法

(1) 试验时应仔细检查分析筛叠放是否正确。

(2) 试验时多震动，严格按要求操作。

(3) 筛分时要细心，避免土样洒落，影响试验精度。

2. 比重计法

(1) 2min 时的读数是包括 1min 读数的时间，其余 30min、120min、1440min 的读数时间也如此累加。

(2) 读数后甲种比重计必须立即从量筒里取出，否则会使土粒下沉速度减小。

(3) 弯液面校正。比重计杆与液面接触呈弯液面，真正读数应以弯液面下缘为准，但由于悬液浑浊，看不清弯液面下缘的刻度，所以在观测时只能读弯液面上缘的刻度，然后再进行校正。校正的方法是将比重计放入盛 20℃ 蒸馏水的量筒内观测弯液面上缘和下缘比重计的读数，其差值即为弯液面校正值。

(4) 分散剂校正。为了使悬液中的土粒充分分散，在悬液中加了分散剂。由于比重计是以蒸馏水为标准的，当在悬液中加入分散剂时会增大悬液比重，所以应加以校正。校正的方法是在 1000cm^3 量筒内分别测定放入 20℃ 蒸馏水时和加入分散剂时相应比重计的读数，其差值即为分散剂校正值。

3.2.7　分析思考题

(1) 在进行颗粒大小分析时，试样分散标准是什么？
(2) 试样的状态和用量会影响粘性土颗粒分析的结果吗？
(3) 为什么用比重计读数后要取出放入盛有纯水的量筒里？
(4) 筛分试验试样总质量与累计留筛土质量不吻合时如何处理？

3.3　含水量试验

土的含水量(也称为土的湿度)是指土在 100～105℃ 下烘到质量恒定时所失去的水分质量和达到质量恒定后干土质量的比值，以百分数表示。

含水量是土的基本物理性质指标之一，它反映了土的干、湿状态。含水量的变化将使土的物理力学性质发生一系列变化，它可使土变成半固态、可塑状态或流动状态，还可使土变成稍湿状态、很湿状态或饱和状态，也可造成土在压缩性和稳定性上的差异。含水量还是计算土的干密度、孔隙比、饱和度、液性指数等不可缺少的依据，也是建筑物地基、路堤、土坝等施工质量控制的重要指标。

3.3.1　试验目的与原理

1. 试验目的

含水量反映了土的状态，含水量的变化将使土的一系列物理力学性质指标也发生变化。这种影响表现在各个方面，如反映在土的稠度方面，使土成为坚硬的、可塑的或流动的；反映在土内水分的饱和程度方面，使土成为稍湿、很湿或饱和的；反映在土的力学性质方面，使土的结构强度增加或减小，紧密或疏松，构成压缩性及稳定性的变化。

测定土的含水量,以了解土的含水情况,是计算土的孔隙比、液性指数、饱和度和其他物理力学性质指标不可缺少的一个基本指标。

2. 试验原理

土样在 100~105℃ 温度下加热,土中自由水首先会变成气体,之后结合水也会脱离土粒的约束,此时土体质量不断减小。当土中自由水和结合水均蒸发脱离土体,土体质量不再变化,可以得到固体矿物即干土的重。土恒重后,土体质量即可被认为是干土质量 m_s,蒸发掉的水分质量为土中水质量 $m_w = m - m_s$。

3.3.2　试验方法和适用范围

在实验室通常用烘干法测定土的含水量,将土样放在烘箱内烘至质量恒定。

在野外如无烘箱设备或要求快速测定含水量时,可根据土的性质和工程情况分别采用红外线灯烘干法、碳化钙气压法、酒精燃烧法、炒干法、比重法等。酒精燃烧法适用于快速简易测定细粒土的含水率,比重法适用于砂类土。

3.3.3　仪器设备构造和使用方法

仪器设备如下。

(1) 烘箱:可采用自动控制的电热恒温烘箱(图 3.16),或温度能保持在 100~105℃ 的其他能源烘箱(沸水烘箱、红外线烘箱及微波炉)。

(2) 分析天平:称量 200g,感量 0.01g。

(3) 其他:铝质称量盒(图 3.17)或玻璃秤量瓶、削土刀、匙、玻璃板或盛土容器、干燥器(图 3.18)、玻璃干燥缸(内有硅胶或氯化钙作为干燥剂)等。

图 3.16　电烘箱

图 3.17　铝质称量盒

图 3.18　干燥器

3.3.4　试验操作步骤

(1) 先称量盒的质量 m_1,精确至 0.01g。

(2) 从原状或扰动土样中取代表性土样 15~30g(细粒土不小于 15g,砂类土、有机质土不小于 50g),放入已称好的称量盒内,立即盖好盒盖。

(3) 放天平上称量，称盒加湿土的总质量为 m_0+m，准确至 0.01g。

(4) 揭开盒盖，套在盒底，同土样一起放入烘箱，在温度 100～105℃下烘至质量恒定。烘干时间与土的类别及取土数量有关，细粒土不少于 8h，砂类土不得少于 6h。对含有机质超过 5％的土，应将温度控制在 65～70℃的恒温下烘干。

在实践中，"质量恒定"应当是准确的数值，即试验烘至标准时间后冷却进行第一次称量，然后再置于烘箱烘干时，取出冷却，再称量。前后两次称量差值小于 0.01g 即视为恒量。

(5) 将烘干后的土样和盒从烘箱中取出，盖好盒盖收入干燥器内冷却至室温。

(6) 从干燥器内取出土样，盖好盒盖，称盒加干土质量 m_0+m_s（准确至 0.01g）。

3.3.5 试验数据记录与成果整理

1. 试验记录

试验结果可按表 3.8 所示的格式记录。

表 3.8 含水量试验(烘干法)

工程编号：＿＿＿＿＿＿＿ 试验者：＿＿＿＿＿＿＿
钻孔编号：＿＿＿＿＿＿＿ 计算者：＿＿＿＿＿＿＿
土样说明：＿＿＿＿＿＿＿ 校核者：＿＿＿＿＿＿＿

试验日期	土样编号	盒号	盒质量 m_0 /g	盒+湿土质量 (m_0+m) /g	盒+干土质量 (m_0+m_s) /g	水质量 /g	干土质量 m_s/g	含水量 w/%
			①	②	③	④=②-③	⑤=③-①	④/⑤

2. 计算

计算含水量：

$$w=\frac{(m_0+m)-(m_0+m_s)}{(m_0+m_s)}\times 100\% \tag{3.10}$$

式中： w——含水量(%)；
　　　m_0——盒质量(g)；
　　　(m_0+m)——盒加湿土质量(g)；
　　　(m_0+m_s)——盒加干土质量(g)。

3.3.6 试验注意事项

(1) 本项试验要求进行二次平行测定，其平行差值需满足表 3.9 的要求。

表 3.9 平行差值允许范围

含水量/%	<5	5～10	10～40	≥40
允许平行差值/%	≤0.3	≤0.5	≤1.0	≤2.0

当满足表 3.9 的要求时,含水量取两次测值的平均值。

(2) 测定含水量时动作要快,以避免土样的水分蒸发。

(3) 应取具有代表性的土样进行试验。

(4) 刚刚烘干的土样要等冷却后再称重。称量盒要保持干燥,注意称量盒的盒体和盒盖上下对号,不可弄混。称重时精确至小数点后两位。

(5) 烘干、冷却由于时间较长,可由实验室人员完成,另外安排时间让学生来称盒加干土质量。

3.3.7 分析思考题

(1) 含水量试验中的烘箱温度为什么要在 100～105℃范围内,高于或低于这个温度对测试结果有什么影响?

(2) 含有机质的土为什么必须在 65～70℃温度下烘干?

(3) 对于不同的土,烘干时间是否相同?

(4) 为什么要进行平行试验?

3.4 比重(土粒相对密度)试验

土粒比重(土粒相对密度)d_s 是土粒在温度 100～105℃下烘至恒重时的质量与土粒同体积 4℃时纯水质量的比值。

3.4.1 试验目的与原理

测定土的比重,为计算土的孔隙比、饱和度及土的其他物理力学试验(如颗粒分析的比重计法试验、固结试验等)提供必需的数据。

比重瓶法就是根据称好质量的干土放入盛满水的比重瓶的前后质量差异来计算土粒的体积,从而进一步计算出土粒比重。比重瓶法通常使用容积为 100mL 的玻璃制的比重瓶,将烘干的试样装入比重瓶,用天平称瓶和干土的质量。然后注入纯水,煮沸 1h 左右以排除土中气体,冷却后将纯水注满比重瓶,再称总质量和瓶内水温从而计算得到土的比重。

3.4.2 试验方法和适用范围

根据土粒粒径的不同,土的比重试验可分别采用比重瓶法、浮称法或虹吸筒法。

(1) 对于粒径小于 5mm 的土,采用比重瓶法。

(2) 对于粒径大于等于 5mm 的土,当其中粒径为 20mm 的土质量小于土总质量的

10%时，采用浮称法。

（3）对于粒径大于等于5mm的土，但当中粒径为20mm的土质量大于等于土总质量的10%时，采用虹吸筒法。

3.4.3 仪器设备构造和使用方法

（1）比重瓶：容量100mL或50mL。

（2）天平：称量200g，感量0.001g。

（3）其他：烘箱、恒温水槽、电砂浴、温度计、孔径5mm的筛、匙、漏斗、滴管、洗瓶刷、蒸馏水等。

3.4.4 试验操作步骤

（1）将烘干成风干的试样约100g放在研钵中研碎，过孔径为5mm的筛，并在105℃下烘至恒重后放入干燥器内冷却至室温备用。

图 3.19 比重瓶

（2）先称洗净、烘干的比重瓶（图 3.19）的质量 m_1，准确至 0.001g。

（3）取烘干后的土不低于15g（如用50mL的比重瓶，可取干土约12g），用漏斗装入比重瓶内，称试样和瓶的总质量 m_2，准确至 0.001g。

（4）为排出土中的空气，将蒸馏水注入已装有干土的比重瓶中至一半处，摇动比重瓶，将瓶塞取下后将瓶放在电砂浴上煮沸，使土粒分散排气。煮沸时间自悬液沸腾时算起，砂及低液限粘土应不少于 30min，高液限粘土应不少于 1h，使土粒分散。煮沸时应注意调节温度以保证土液不会溢出瓶外。

（5）将比重瓶放进恒温水槽中冷却（或放在木板上冷却）至室温，将煮沸经冷却且已排除气泡的蒸馏水注入已煮好比重瓶至近满。待瓶内温度稳定及悬液上部澄清后，用滴管加满蒸馏水至瓶口，塞好瓶塞，使多余的水分自瓶塞毛细管中溢出。将瓶外的水擦干净，称瓶、水、土的总质量 m_3，准确至 0.001g。称后马上测瓶内温度，量测时应将瓶放在桌上或用手捏住瓶颈，不宜用手握住比重瓶。

（6）把瓶内悬液倒掉，把瓶洗干净，再注满蒸馏水，并使瓶内温度与在上面步骤中测得的温度相同。把瓶塞插上，使多余的水分自瓶塞毛细管中溢出，将瓶外水分擦干净。称比重瓶、水的总质量 m_4，准确至 0.001g。

3.4.5 试验数据记录与成果整理

1. 计算

计算土的比重：

$$d_s = G_{wt} \times \frac{m_2 - m_1}{m_4 + (m_2 - m_1) - m_3} \tag{3.11}$$

式中：d_s——土粒比重；
m_1——空瓶的质量(g)；
m_2——瓶加干土的质量(g)；
m_3——瓶加水加土的质量(g)；
m_4——瓶加水的质量(g)；
G_{wt}——t℃时蒸馏水的比重(可查相应的物理手册或《土工试验规程》)。

2. 记录

试验数据可按表 3.10 所示的格式进行记录。

表 3.10 比重试验记录表(比重瓶法)

工程编号：_____   试验者：_____
钻孔编号：_____   计算者：_____
土样说明：_____   校核者：_____

试验日期	土样编号	温度	水的比重	比重瓶质量 m_1/g	干土、瓶的总质量 m_2/g	瓶、水、土的总质量 m_3/g	瓶、水的总质量 m_4/g	干土质量/g	与干土同体积的液体质量/g	土的比重 d_s
		①	②	③	④	⑤	⑥=⑤-(④-③)	⑦=④-③	⑧=⑥+⑦-⑤	⑨=(⑦/⑧)×②

3.4.6 试验注意事项

(1) 本试验需进行两次平行测定，其平行差值不大于 0.02，然后取其算术平均值。
(2) 比重瓶、土样一定要完全烘干。
(3) 煮沸排气时，防止悬液溅出。
(4) 称量时比重瓶外的水必须擦干净。

3.4.7 分析思考题

(1) 比重、密度、含水量有哪些试验方法？各自适用的范围是什么？
(2) 如果分层制样，如何消除土样制备过程中的层间薄弱现象？
(3) 测定比重时为什么要将悬液放在砂浴上煮沸？

3.5 液限塑限试验

粘性土随着含水量变化，其物理状态和力学性质会发生明显的变化。重塑土处于液态时在自重作用下不能保持其形状,发生类似于液体的流动;土体处于可塑状态,在重力作用下能保持形状,在外力作用下将发生塑性变形而不断裂,外力消失后能保持外力消失前一时刻的形状而不变,有一定的抗剪强度。

细粒土由于含水量不同,分别处于流动状态、可塑状态、半固体状态和固体状态。

粘性土的状态随着含水量的变化而变化,当含水量不同时,粘性土可分别处于固态、半固态、可塑状态及流动状态。粘性土从一种状态转到另一种状态的分界含水量称为界限含水量。

土由可塑状态转入到流动状态的界限含水量叫做液限(也称为塑性上限含水量或流限),用符号 w_L 表示;土由半固态状态转入到可塑状态的界限含水量叫做塑限(也称为塑性下限含水量),用符号 w_P 表示;土由半固态状态不断蒸发水分,体积逐渐缩小,直到体积不再缩小时土的界限含水量叫做缩限,用符号 w_S 表示。界限含水量都以百分数表示。

土的塑性指数 I_P 是指液限与塑限的差值,由于塑性指数在一定程度上综合反映了影响粘性土特征的各种重要因素,因此,粘性土常按塑性指数进行分类。

3.5.1 试验目的与原理

1. 试验目的

测定土的液限(含水量),用以计算土的塑性指数和液性指数,作为粘性土所处的软硬状态及估计地基承载力等的重要依据。

测定土的塑限,并与液限试验结合计算土的塑性指数和液性指数,作为进行粘性土分类及结合土体的原始孔隙比来评价粘性土地基承载能力的依据。

2. 试验原理

粘性土随着含水量变化,其物理状态和力学性质会发生明显的变化。重塑土处于液态时在自重作用下不能保持其形状,发生类似于液体的流动;土体处于可塑状态,在重力作用下能保持形状,在外力作用下将发生塑性变形而不断裂,外力消失后能保持外力消失前一时刻的形状而不变,有一定的抗剪强度。通过给予试样一个小的外力,在一定时间内变形达到规定值时的含水量。

土体处于可塑状态时,在外力下产生任意变形而不会发生断裂;土体处于半固态时,当变形达到一定值(或受力较大)时会发生断裂,根据这个特点,在进行塑限试验时给予一定外力,使试样变形达到规定刚好出现裂缝时所对应的含水量作为塑限含水量。

液限、塑限联合测定法,是根据圆锥仪的圆锥入土深度与其相应的含水量在双对数坐标上具有线性关系的特性来进行测定的。利用圆锥质量为76g的液塑限联合测定仪测得土在不同含水量时的圆锥入土深度,并绘制其关系直线图,在图上查得圆锥下沉深度为17mm 所对应的含水量即为液限,圆锥下沉深度为2mm 所对应的含水量即为塑限。

3.5.2 试验方法和适用范围

1. 试验方法

一般有电动落平衡锥法、手提落平衡锥法、联合测定法和手摇落碟式的液限仪试验法。

目前常采用液塑限联合测定法测定液限和塑限，也可用搓条法测定塑限，用平衡锥法测定液限。

用光电式液塑限联合测定仪测定土在三种不同含水量时的圆锥入土深度，在双对数坐标纸上绘制圆锥入土深度与含水量的关系直线。在直线上查得圆锥入土深度为17mm［水利规范、《土工试验方法标准》（GB/T 50123—1999）或10mm《建筑地基基础设计规范》（GB/T 50007—2011）］处相应含水量为液限，入土深度为2mm处的相应含水量为塑限。

2. 适用范围

界限含水量试验要求土的颗粒粒径小于0.5mm，且有机质含量不超过5%，且宜采用天然含水量试样，但也可采用风干试样，当试样含有粒径大于0.5mm的土粒或杂质时，应过0.5mm的筛。

3.5.3 仪器设备构造和使用方法

1. 光电式液塑限联合测定法

（1）主要组成部分如图3.20所示。

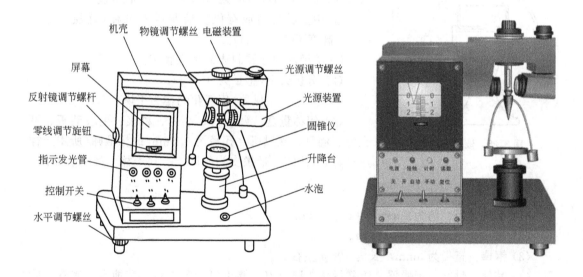

图 3.20 液塑限联合测定仪结构示意图

① 圆锥仪（图3.21）：圆锥用不锈金属材料加工而成，锥体总质量为（76±0.2）g，锥角为30°±0.2°，测微尺量程为22mm，刻线距离为0.1mm。

② 电磁铁部分：要求磁铁吸引力不小于100g。

③ 光学投影放大部分：要求放大10倍，成像清晰。

④ 升降座、试样杯（图3.22）等。

图 3.21 圆锥仪

图 3.22 试样杯

(2) 天平：电子天平称量 280g，感量 0.01g。

(3) 其他：称量盒、调土刀、调土杯（图 3.23）、滴管（图 3.24）、凡士林油等。

图 3.23 调土杯

图 3.24 滴管

2. 手提落锥试验法

(1) 液限仪（图 3.25），主要由以下 3 个部分组成。

① 带有平衡装置的圆锥仪（锥质量为 76g，锥角为 30°，高为 25mm，距锥尖 10mm 处有环状刻度）。

② 用金属材料或有机玻璃制成的试杯（直径不小于 4cm，高度不小于 2cm）。

③ 由硬木或金属制成的平稳底座。

(2) 分析天平（感量为 0.01g）。

(3) 烘箱、干燥器（用氯化钙作为干燥剂）。

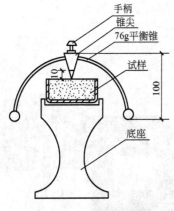
图 3.25 液限仪示意图

(4) 铝称量盒、调土刀、小刀、秒表、毛玻璃板、调土碗、滴管、吹风机、孔径为 0.5mm 的标准筛（所用土样应过筛）、研钵、带橡皮头的研棒、凡士林、蒸馏水等。

3. 搓条法

(1) 毛玻璃板：约为 20cm×30cm×5cm。

(2) 天平：感量 0.01~0.001g。

(3) 钢棒：直径为 3mm，长为 10cm 左右。

(4) 其他：烘箱、干燥器、铝称量盒、调土刀、调土皿、凡士林、蒸馏水、滴管、吹风机等。

3.5.4 试验操作步骤

1. 光电式液塑限联合测定法

(1) 原则上应采用天然含水量的土样进行制备。若土样相当干燥，允许用风干土样进行制备。

(2) 分别按接近液限、塑限和两者之间的状态制备不同稠度的土膏。

取有代表性的天然含水量的土样 200g，所用土样应过 0.5mm 的筛，剔除大于 0.5mm 的颗粒放在调土碗中，加蒸馏水调成均匀浓糊状静置一段时间(时间长短可根据天然含水量大小而定)。

当采用风干土样时，取过 0.5mm 筛的代表性土样约 200g，分成 3 份，分别放入 3 个盛土碗中，加入不同量的纯水，使其分别接近液限、塑限和两者中间状态的含水量(可按圆锥下沉深度为 4~5mm、9~11mm、15~17mm 范围估计)，调成均匀土膏，然后放入密封的保湿缸中，静置 24h。

(3) 用调土刀将碗内制备好的土样调拌均匀，分层装入试杯中，边装边压，使空气逸出，不要使土样内留有空隙。然后用调土刀齐杯口刮去多余的土，刮去余土时，不得用刀在土面上反复涂抹。将试样杯放在联合测定仪的升降座上。

(4) 调平机身，取圆锥仪，在锥体上涂一薄层润滑油脂(凡士林)，接通电源，使电磁铁吸稳圆锥仪。调节屏幕准线，使初始读数位于零位刻度线处。

(5) 将装好土样的试杯放在升降座上，转动升降旋钮，使试杯徐徐上升。当锥尖刚与土面接触时，指示灯管亮(蜂鸣器报警)，圆锥仪会自由落下，延时 5s，读数指示管亮，即可读数 h_1(圆锥下沉的深度，显示在屏幕上)。如要手动操作，可把开关扳向"手动"一侧，当锥尖与土接触时，接触指示灯管亮而圆锥仪不下落，需按手动按钮，圆锥仪自由落下。读数后，要按仪器复位按钮，手拿锥体向上，锥体复位，以便下次再用。

改变锥尖与土体接触位置(锥尖两次锥入位置的距离不小于 1cm)，重复上面的步骤，测得锥深入试样深度值 h_2，h_1、h_2 允许误差为 0.5mm，否则应重做。

(6) 将测完的土样，挖出带凡士林油的部分，取两个锥体附近的土样(不少于 10g，放入称量盒内)，测其含水量。

(7) 按以上步骤，再测试其余两个试样的圆锥下沉深度及相应含水量。

2. 手提落锥试验法

(1) 应尽可能选用具有代表性的天然含水量的土样来测定。若土中含有较多大于 0.5mm 的颗粒或夹有多量的杂物，并且由于条件限制只能采用风干土，应将土样风干后用研棒研碎或用木棒在橡皮板上压碎，并过 0.5mm 的标准筛方可试验。

(2) 取出足够的原状试样放在毛玻璃板上用调土刀搅拌均匀(或放在调土碗中搅拌均匀)；或将经过风干并过筛的土样放在调土碗中，加蒸馏水调拌、浸润，使其含水量接近塑限，然后用玻璃片或湿布覆盖，静置一昼夜后拌和。

(3) 取出拌匀的土样分层装入试杯中，并注意土中不能留有空隙，分层密实地装满试杯，刮去余土，使试样与杯口齐平，并将试样杯放在底座上。

(4) 在液限仪锥尖上抹一薄层凡士林，两指捏提住锥体上端手柄，保持锥体垂直，先使液限仪锥尖正好接触试样表面，然后轻轻松手让锥体自由沉入土中(注意放锥时要平稳，避免产生冲击力)。在 5s 左右沉入深度恰到锥尖环状刻度线即 10mm 处，此时土的含水量为液限。锥式液限仪沉入土体中的几种情况如图 3.26 所示。

若锥体入土深度超过或低于 10mm，表示试样的含水率高于或低于液限。应用小刀将土样挖去有凡士林的部分，然后全部取出，放在毛玻璃板上边调拌边风干或适当加水重新拌和，重复(3)、(4)步骤，直至锥体下沉深度恰为 10mm 时为止。

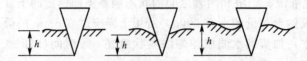

图 3.26 锥式液限仪沉入土中的三种情况

有些圆锥还刻有 17mm 的标志，若锥体下沉深度恰为 17mm，此时的含水量即为 17mm 液限，等效碟式液限。

(5) 达到要求后，取出锥体，用调土刀挖去粘有凡士林的土，然后取锥孔附近土样约 10~15g，测定其含水量，此含水量即为液限。

试验需进行 2~3 次平行测定，取其结果的算术平均值，两次试验的平行差值一般不得大于 2%，计算至 0.1%。

3. 搓条法

(1) 按做液限试验制备土样的方法制备土样(约 100g)。

将原状土或人工制备的扰动土(颗粒小于 0.5mm、有机质含量不超过 5%的粘性土)或从液限试验制备好的试样中取出 30g 左右适当吹干或风干，调制成不粘手的土团。

(2) 为使试验土样的含水量接近塑限，可将土样放在手中捏揉至不粘手，或用吹风机稍吹干些，然后将土样捏扁，如出现裂缝，表示土样含水量接近塑限。

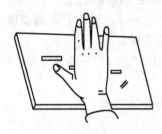

图 3.27 搓条法滚搓示意

(3) 先称量盒的质量 W_0。取接近塑限的一小块土样(手指大小的土团 8~10g)，先用手搓成椭圆形，然后再用手掌在干燥清洁的毛玻璃上适当加压轻轻地搓滚(图 3.27)，搓滚时手掌要在土条上均匀施加压力，不得使土条在毛玻璃上无力滚动。土条宽度不宜超过手掌宽度。在滚动时，不应从手掌下任一边脱出，土条在任何情况下不得产生中空现象。

(4) 将土条滚搓到直径为 3mm 时，表面会产生许多龟裂同时开始断裂，这时土的含水量就是塑限。将土条搓至直径为 3mm 时，仍未产生裂缝及断裂，表示这时含水量高于塑限，应将其捏成一团，按上述步骤继续搓滚。直至土条直径达到 3mm，产生裂缝并开始断裂时为止。如果土条直径大于 3mm 时即断裂，表示土样含水量小于塑限，应弃去，重新取土试验。

(5) 取合格的断裂土条(直径为 3mm，有纵向裂缝的土条)迅速放入称量盒中，随即盖紧盒盖。接着进行第二个土条和第三个土条搓滚试验，待收集约 3~5g 后(约 3 个土条)，立即称取(m_0+m)(准确至 0.01g)，然后放入烘箱在 100~105℃恒温下烘干直至恒重，称取(m_0+m_s)。计算其含水量，即得到该土的塑限。

3.5.5 试验数据记录与成果整理

1. 试验记录

1) 光电式液塑限联合测定法

(1) 记录表。试验数据可按表 3.11 所示的格式进行记录。

表 3.11　液塑限联合试验记录表

工程编号：_____　　　　　　　　　试验者：_____
钻孔编号：_____　　　　　　　　　计算者：_____
土样说明：_____　　　　　　　　　校核者：_____

	次数			1	2	3
锥入深度	h_1/mm					
	h_2/mm					
	$(h_1+h_2)/2$					
含水量	盒号					
	盒质量 m_0	g	①			
	盒+湿土质量(m_0+m)	g	②			
	盒+干土质量(m_0+m_s)	g	③			
	水分质量	g	④=②-③			
	干土质量	g	⑤=③-①			
	含水量	%	⑥=④/⑤×100			
	平均含水量/%					
相关数值			天然含水量　$w=$ 液性指数　$I_L=$ 根据液性指数此土处于_____状态。			

(2) 成果整理。

① 绘制锥入深度 h 与含水量 w 的关系曲线。

以含水量 w 为横坐标，圆锥入土深度 h 为纵坐标，在双对数坐标纸（图 3.28）上绘制 $h-w$ 的关系曲线。

三次平行试验得到三组含水量与锥入深度，以此为坐标在坐标纸上得到三点，将这三点连接起来，应呈一条直线，如图 3.28 中的 A 线。

当三点不在一条直线上时，通过高含水量的一点分别与其余两点连成两条直线，在圆锥下沉深度为 2mm 处查得相应的含水量，当两条线所得两个含水量的差值小于 2% 时，应将这两点含水量的平均值点与高含水量点连成一条直线，如图 3.28 中的 B 线；当两个含水量的差值大于或等于 2% 时，应重做试验。

平行试验三点的圆锥入土深度应分别为 3～4mm、7～9mm、15～17mm。

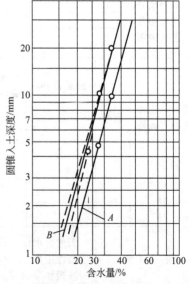

图 3.28　锥入深度 h 与含水量 w 的关系曲线

② 确定液限、塑限。

在锥入深度 h 与含水量 w 关系图上,从绘制级处理后的直线上查得下沉深度为 17mm 所对应的含水量为液限 w_L;下沉深度为 10mm 时土的含水量即为 10mm 液限;下沉深度为 2mm 所对应的含水量为塑限 w_P,均以百分数表示并取整数。

2) 手提落锥试验法

试验数据可按表 3.12 所示的格式进行记录。

表 3.12 液限试验记录表(手提落锥法)

工程编号:＿＿＿＿＿＿　　　　　　　试验者:＿＿＿＿＿＿
钻孔编号:＿＿＿＿＿＿　　　　　　　计算者:＿＿＿＿＿＿
土样说明:＿＿＿＿＿＿　　　　　　　校核者:＿＿＿＿＿＿

试验日期	土样编号	盒号	盒质量 m_0 /g	盒+湿土质量 (m_0+m) /g	盒+干土质量 (m_0+m_s) /g	干土质量 /g	水质量 /g	液限 w_L /%
			①	②	③	④=③-①	⑤=②-③	⑥=(⑤/④)×100

3) 塑限搓条法

试验数据可按表 3.13 所示的格式进行记录。

表 3.13 塑限试验记录表(搓条法)

工程编号:＿＿＿＿＿＿　　　　　　　试验者:＿＿＿＿＿＿
钻孔编号:＿＿＿＿＿＿　　　　　　　计算者:＿＿＿＿＿＿
土样说明:＿＿＿＿＿＿　　　　　　　校核者:＿＿＿＿＿＿

试验日期	土样编号	盒号	盒质量 m_0 /g	盒+湿土质量 (m_0+m) /g	盒+干土质量 (m_0+m_s) /g	干土质量 /g	水质量 /g	塑限 w_P /%
			①	②	③	④=③-①	⑤=②-③	⑥=(⑤/④)×100
相关数值			天然含水量　$w=$ 塑性指数　$I_P=$ 按塑性指数定出土的名称为＿＿＿＿＿＿土					

2. 计算

(1)塑限(界限含水量)为：

$$w_p = \frac{(m_0+m)-(m_0+m_s)}{(m_0+m_s)-m_0} \times 100\% \qquad (3.12)$$

式中：w——含水量；
　　　m_0——盒质量(g)；
　　m_0+m——盒质量+湿土质量(g)；
　　m_0+m_s——盒质量+干土质量(g)。

(2)液性指数为：

$$I_L = \frac{w-w_p}{w_L-w_p} \qquad (3.13)$$

根据液性指数，可判断粘性土的物理状态。

(3)塑性指数为：

$$I_p = w_L - w_p \qquad (3.14)$$

根据塑性指数，可对粘性土进行分类，定出土的名称。

3.5.6 试验注意事项

(1)在搓条时用力要均匀，以避免出现空心或卷心现象。应保持手掌和毛玻璃的清洁。

(2)在任何含水量情况下，试样搓到大于3mm就发生断裂，说明该土无塑性。

(3)在进行液限试验时，为了提高工作效率，在将试样调匀后，可用调土刀取出部分试样，先行试放锥体，初步校验是否接近液限含水量。对于含水率接近塑限(即圆锥入土深度稍大于2mm)的试样，由于含水量较低，用调土刀不易调拌均匀，需用手反复将试样揉捏均匀，才能保证试验成果的正确性。将土样分层装杯时，注意土中不能留有空隙。

(4)将联合测定仪接通电源，把装有光学微分尺的圆锥仪提起与电磁铁调试对中时，切勿先按"吸"按钮，因为电磁铁吸住圆锥仪后，在左右、前后移动圆锥仪对准电磁铁正中很困难，应该先按"放"按钮，使圆锥仪能自由移动，在对中后，再按"吸"按钮，把圆锥仪吸住。

将试样杯放置在实验台上时，需轻轻平放、不与台面相碰撞，更应避免其他金属等硬物与工作台面碰撞。

下放锥体时不能摇摆，必须使锥尖与试样表面稳定垂直地接触，再松手使其在自重下下沉，不能过早或过迟。锥连杆下落后，需要重新提起时，只需将侧杆轻轻上推到位，便可自动锁住。

(5)每次试验后都应取下标准锥，用棉花或布擦干，放置干燥处。

3.5.7 分析思考题

(1)为什么取标准样时规定土要过0.5mm的筛才能进行试验？在实际操作中，有些土用肉眼可以看见较多砂粒、砾石该怎么办？

（2）如果试验结果表明某粘性土的液性指数大于 1，但该土并未处于流动状态，仍具有一定的强度，这是否可能？为什么？

（3）采用原状土和扰动土测定的塑限值是否一样？

（4）进行塑限试验时，将烘干的试样从烘箱取出 5min 后盖上土盒盖子称量，这样操作有什么问题？

3.6 相对密度试验

相对密度是砂土处于最松散状态的孔隙比（最大孔隙比）与天然状态的孔隙比之差和最松散状态的孔隙比与最紧密状态的孔隙比（最小孔隙比）之差的比值。它是砂土紧密程度的指标，对于保证以土作为材料的建筑物和地基的稳定性，特别是抗震的稳定性具有重要的意义。密实的砂具有较高的抗剪强度及较低的压缩性，在震动情况下液化的可能小，饱和的砂土在震动的情况下还容易液化。

砂土的密实程度可用其孔隙比来反映，但在很大程度上还取决于土的颗粒级配。颗粒级配不同的砂土即使有相同的孔隙比，但由于土的颗粒大小不同、颗粒排列不同，所处的密实状态也会不同。为了同时考虑孔隙比和颗粒级配的影响，砂土相对密度的概念被引入用来反映砂土的密度。

3.6.1 试验目的与原理

通过测定无粘性土的最大和最小孔隙比，计算相对密度，判断砂土的密实度。

相对密度试验适用于透水性良好的无粘性土，对于含细粒较多的试样不宜进行相对密度试验。

在求最小干密度时，用小管径的漏斗控制砂样，使其均匀缓慢地落入量筒，以实现最疏松的堆积。但受漏斗管径的限制，有些粗颗粒会受到阻塞；而加大管径又不易控制砂样的缓慢流出，后落下的砂粒会把已经堆积的试样击实，影响试验准确性。用量筒慢速倒转，来达到最疏松的堆积状态，但细颗粒下落慢，粗颗粒下落快，粗细颗粒稍有分离现象。所以实际试验时可以将漏斗法和量筒倒转法两种方法结合在一起，最终得到最大体积下的土体密度。

在求最大干密度时，将试样装入击实筒中，通过对筒从侧向振动击打和从竖向锤击，使试样达到最紧密的状态（试样体积不再变化），从而获得最小体积下的土体密度。

根据上面得到的密度值，计算相应的最大孔隙比和最小孔隙比。

3.6.2 试验方法和适用范围

最大孔隙比试验宜采用漏斗法和量筒倒转法；最小孔隙比试验宜采用振动锤击联合法。

漏斗法和量筒倒转法均是在保持土的原有级配和颗粒均匀分布的条件下设法求得其最松状态的孔隙比的。根据经验得知，量筒倒转法的结果比漏斗法更好些，因为在试验过程中全部颗粒都能得到重新排列的机会，并且在此过程中土粒自由落距较小，因而可以在一定程度上消除由于自重的影响所引起的试样增密。倒转的速度会影响结果，慢速倒转能够达到较松的状态。而漏斗法受漏斗管径的限制，适用于较小颗粒的砂样，且颗粒自由落距较大，易使砂土结构增密。

相对密度试验适用于透水性良好的无凝聚性，粒径不大于 5mm，且粒径为 2～5mm 的试样质量不大于试样总质量 15% 的土，如纯砂、纯砾等。对于排水不良的土料，如无凝聚性粉砂、极细砂或砂质土，砾质土中含有大量粉砂，在高的击实作用下得到的最大干密度往往大于采用振动法得到的最大干密度。

3.6.3　仪器设备构造和使用方法

仪器设备主要包括漏斗、量筒、振动叉等，如图 3.29 所示。

（1）漏斗及拂平器：包括锥形塞（直径为 15mm 的圆锥，锥顶焊铁杆，杆长大于漏斗长度）、长颈漏斗（颈管内径 12mm，颈口磨平）、砂面拂平器（金属杆十字形平面焊在铜杆下端）等，如图 3.30 所示。

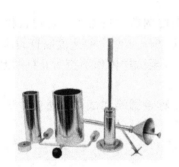

图 3.29　测定土的相对密度使用的仪器组

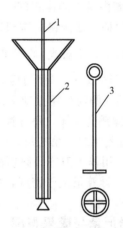

图 3.30　漏斗和拂平器
1—锥形塞；2—长颈漏斗；3—拂平器

（2）振动叉和击锤：包括击球、击锤、锤座等，如图 3.31 和图 3.32 所示。

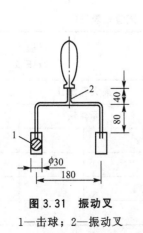

图 3.31　振动叉
1—击球；2—振动叉

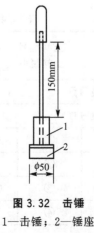

图 3.32　击锤
1—击锤；2—锤座

(3) 其他：量筒(1000mL)、击实筒(容积 250mL/1000mL、内径 5cm/10cm、高度 12.7cm)、天平(称量 1000g，精度 1g)、橡皮板。

3.6.4　试验操作步骤

1. 最大孔隙比(最小干密度)的测定

(1) 锥形塞杆自长颈漏斗下口穿入，并向上提起，使锥底堵住漏斗管口，一并放入量筒内，使其下端与量筒底接触。

(2) 称取烘干的代表性试样700g，均匀缓慢地倒入漏斗中，将漏斗和锥形塞杆同时提高，移动塞杆，使锥体略离开管口，管口应经常保持高出砂面1~2cm，使试样缓慢且均匀分布地落入量筒中。试样全部落入量筒后，取出漏斗和锥形塞，用砂面拂平器将砂面拂平，测定试样的体积(此为漏斗法的测定结果)，估读至5mL。

(3) 用手掌或橡皮板堵住量筒口，将量筒倒转并缓慢地转回到原来的位置，重复数次，测记试样在量筒内所占的体积(此为量筒法的测定结果)，估读至5mL。

(4) 取用上述两种方法测得的体积较大值，计算最小干密度及最大孔隙比。

2. 最小孔隙比(最大干密度)的测定

(1) 取代表性试样2000g，拌匀后分三次倒入金属圆筒进行振击，每层试样为圆筒容积的1/3，将试样倒入圆筒后用振动叉以每分钟往返150~200次的速度敲打圆筒两侧，并在同一时间内用击锤锤击试样，每分钟30~60次，直至试样体积不变为止(一般需要振击5~10min)，如此重复第二、第三层。

(2) 取下护筒，用修土刀齐圆筒顶面刮平试样，称量圆筒和试样总质量并记录试样体积，算出试样质量，计算最大干密度，准确至1g。

3.6.5　试验数据记录与成果整理

1. 试验记录

试验数据可按表3.14所示的格式进行记录。

表 3.14　相对密度试验记录表

| 工程名称 _____ | 土样编号 _____ | 试验者 _____ |
| 试验日期 _____ | 土样说明 _____ | 校核者 _____ |

试验项目		最大孔隙比	最小孔隙比
试验方法		漏斗法	振动法
试样质重	(g)	①	
试样体积	(cm³)	②	
干密度	(g/cm³)	③	①÷②
平均干密度	(g/cm³)	④	

(续)

工程名称 _____		土样编号 _____		试验者 _____
试验日期 _____		土样说明 _____		校核者 _____
比重	d_s	⑤		
孔隙比	e	⑥		
天然孔隙比	e_0	⑦		
相对密度	D_r	⑧		

2. 计算

（1）最小干密度的计算：

$$\rho_{d,min} = \frac{m_d}{V_{max}} \quad (3.15)$$

式中：m_d——试样干质量(g)；
   V_{max}——试样最大体积(cm^3)。

（2）最大孔隙比的计算：

$$e_{max} = \frac{\rho_w \times G_s}{\rho_{d,min}} - 1 \quad (3.16)$$

式中：ρ_w——水的密度(g/cm^3)；
   G_s——土粒比重。

（3）最大干密度的计算：

$$\rho_{d,max} = \frac{m_d}{V_{min}} \quad (3.17)$$

式中：V_{min}——试样最小体积(cm^3)。

（4）最小孔隙比的计算：

$$e_{min} = \frac{\rho_w \cdot G_s}{\rho_{d,max}} - 1 \quad (3.18)$$

（5）相对密度的计算：

$$D_r = \frac{e_{max} - e_0}{e_{max} - e_{min}} \quad (3.19)$$

或

$$D_r = \frac{\rho_{d,max}(\rho_d - \rho_{d,min})}{\rho_d(\rho_{d,max} - \rho_{min})} \quad (3.20)$$

式中：D_r——相对密度；
   e_0——天然孔隙比；
   ρ_d——天然干密度(或填土要求的干密度)(g/cm^3)。

3.6.6 试验注意事项

（1）砂土的最大孔隙比和最小孔隙比必须进行两次平行测定，两次测定的密度差值不

得大于 0.03g/cm^3，并取两次测定值的平均值。

（2）用振动锤击法测定砂的最大干密度时，应尽量避免由于振击功能不同而产生的人为误差。为此，振击时态锤应提高到规定高度，并自由下落；在水平振击时，容器周围应有相等数量的振击点。锤击过程中土粒被击碎的比例较高，这与工程的实际情况有一定的差异。

（3）还可以用电动试验仪进行最大干密度试验，对于粒径 $d>5\text{mm}$ 的砾粒土和巨粒土，常用振动台或振冲器法进行最大干密度试验。

（4）在最大干密度和最小干密度试验过程中，主要是得到一定质量的土粒所占的最小体积和最大体积，它们的读数与试验人员观测的细致程度关系很大，要求反复进行试验并小心操作。

（5）试样的湿度主要是水分子对颗粒表面产生润滑作用，同时产生毛细水表面张力而引起假粘聚力，从而造成虚假的孔隙，所以在试验中测定最大孔隙比时采用干试样，测定最小孔隙比时最好用含水量最优时的土样。目前试验时一般用干砂。

3.6.7 分析思考题

（1）粘性土能否用本节所述方法得到最大干密度？
（2）在试验时，为了保证达到最大干密度，最好采用什么方法？
（3）在砂、砾质土的相对密度试验中，怎样控制试样的含水量？
（4）在进行最大干密度试验时，如果只对试样进行振动，不进行锤击，会出现什么问题？

第 4 章 土的力学性能试验

4.1 击实试验

为了改善土的工程性质,常采用压实的方法使土变得密实。土的压实程度与含水量、压实功能和压实方法有着密切的关系,当压实功能和压实方法不变时,土的干密度先是随着含水量的增加而增加,但当干密度达到某一最大值后,含水量的增加反而使干密度减小。能使土达到最大密度的含水量,称为最优含水量 w_{op}(或称最佳含水量),其相应的干密度称为最大干密度 $\rho_{d,max}$。

4.1.1 试验目的与原理

击实试验就是模拟施工现场压实条件,采用锤击方法使土体密度增大、强度提高、沉降变小的一种试验方法。土在一定的击实效应下,如果含水量不同,则所得的密度也不相同。

1. 试验目的

是用标准的击实方法,测定试样在一定击实次数下(某种压实功能下)的含水量与干密度之间的关系,了解影响最优含水量的因素,从而确定土的最大干密度和最优含水量,为施工控制填土密度提供依据。

学生通过训练,会应用现行有关规范,做系列试验(颗分、液塑限、标准击实),求出最佳含水量、最大干密度、评定压实度指标。

2. 试验原理

土的压实特性与土的组成结构、土粒的表面现象、毛细管压力、孔隙水和孔隙气压力等均有关系,所以因素是复杂的。

压实作用使土块变形和结构调整并密实,在松散湿土的含水量处于偏干状态时,由于粒间引力使土保持比较疏松的凝聚结构,土中孔隙大都相互连通,水少而气多。因此,在一定的外部压实功能作用下,虽然土孔隙中气体易被排出,密度可以增大,但由于较薄的强结合水水膜润滑作用不明显,以及外部功能不足以克服粒间引力,土粒相对移动便不显著,所以压实效果就比较差。

当含水量逐渐加大时,水膜变厚、土块变软,粒间引力减弱,施以外部压实功能则土粒移动,加上水膜的润滑作用,压实效果渐佳。在最佳含水量附近时,土中所含的水量最有利于土粒受击时发生相对移动,以致能达到最大干密度。

当含水量再增加到偏湿状态时,孔隙中出现了自由水,击实时不可能使土中多余的水和气体排出，而孔隙压力升高却更为显著，抵消了部分击实功，击实功效反而下降。在排水不畅的情况下，经过多次的反复击实，甚至会导致土体密度不加大而土体结构被破坏的结果，出现工程上所谓的"橡皮土"现象。

4.1.2 试验方法和适用范围

击实试验分轻型击实试验和重型击实试验两种方法，见表 4.1。当试样中粒径大于各方法相应最大粒径的颗粒质量占总质量的 5%～30% 时，其最大干密度和最优含水率应进行校正。轻型击实试验击实功为 592.2kJ/m³。重型击实试验击实功约为 2684.9kJ/m³。

表 4.1 击实试验技术参数

试验类型	编号	试验方法								
		击实仪规格						试验条件		
		击锤			击实筒			护筒			
		质量/kg	锤底直径/mm	落距/mm	内径/mm	筒高/mm	容积/cm³	高度/mm	层数	每层击数	最大粒径/mm
轻型	轻1	2.5	51	305	102	116	947.4	50	3	25	5
	轻2				152		2103.9			56	20
重型	重1	4.5	51	457	102	116	947.4	50	5	25	5
	重2				152		2103.9			56	20
	重3								3	94	40

注：轻2、重2、重3 的筒高为筒内净高。

4.1.3 仪器设备构造和使用方法

（1）击实仪：由击实筒（图 4.1）、击锤和导筒（图 4.2）组成。

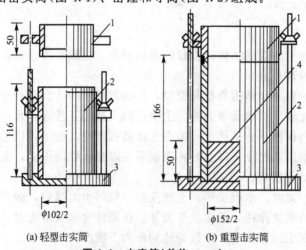

(a) 轻型击实筒　　　(b) 重型击实筒

图 4.1 击实筒（单位：mm）

1—套筒；2—击实筒；3—底板；4—垫块

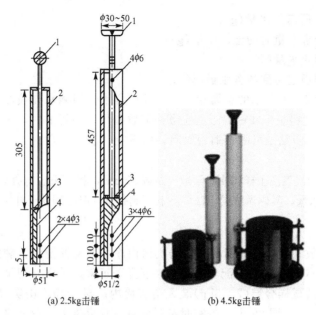

图 4.2　击锤和导筒(单位：mm)

1—提手；2—导筒；3—硬橡皮垫；4—击锤

(2) 天平：称量 200g，分度值 0.1g。

(3) 台秤：称量 10kg，分度值 5g。

(4) 标准筛：孔径为 5mm、20mm、50mm。

(5) 试样推出器：宜用螺旋式千斤顶或液压式千斤顶，如无此类装置，也可用刮土刀和修土刀从击实筒中取出试样。

(6) 其他：烘箱、金属盘、土铲、喷水设备、碾土设备、盛土器、修土刀和保湿设备、平直尺等。

4.1.4　试验操作步骤

1. 试样制备

试样制备分为干法制备和湿法制备。

1) 干法制备

(1) 选取具有代表性的风干土样不少于 20kg(对于轻型击实仪，用干土法，土样不重复使用；重型击实仪为 50kg)，放在橡皮板上碾散。

(2) 过 5mm(重型击实仪为 20mm 或 40mm)筛，将筛下土样拌匀，测定其风干含水量。

(3) 按四分法至少准备 5 个试样。根据土的塑限预估最优含水量，并根据土的工程性质加入不同的水量(预定 5 个不同含水量，按 2%～3%的含水量递增)，其中应有两个含水量大于塑限，两个含水量小于塑限，1 个含水量接近塑限。

按下式计算加水量：

$$m_w = 0.01(w - w_h) \times \frac{m}{1 + 0.01 w_h} \tag{4.1}$$

式中：m_w——土样所需加水量(g)；

m——风干含水量时的土样质量(g)；

w_h——风干含水量(%)；

w——土样预定达到的含水量(%)。

(4) 将试样平铺于不吸水的金属盘上，按预定含水量用洒水壶喷洒所需的加水量，充分拌匀并分别装入塑料袋中或密封于盛土器内静置备用。静置的时间分别为：高液限粘土不得少于 24h，低液限粘土可酌情缩短时间，但不应少于 12h。

2) 湿法制备

取天然含水量的代表性土样(20kg)碾散、过筛(5mm)，将筛下土样拌匀，分别风干或加水到所要求的不同含水量，具体做法同干法。注意：制备试样时必须使土样中含水量分别均匀。

2. 试样击实

(1) 将击实筒放在坚实的地面，并在击实筒内涂一薄层润滑油，装好护筒，连接好击实筒与底板。检查仪器各部件及配套设备的性能是否正常，并做好记录。

(2) 将搅和好的试样分层(2~5kg)装入击实筒内。对于轻型击实试验，分三层(每层试样的高度宜相等)，每层 25 击。击实时击锤应自由垂直落下，锤迹必须均匀分布于土样表面，一层击好，加下一层土样时应将接触面"拉毛"。击实完成后，超出击实筒顶的试样高度应小于 6mm。

(3) 用修土刀沿护筒内壁削挖后，扭动并取下导筒，测出超高(应取多个测值平均，准确至 0.1g)。用刀细心修平超出击实筒顶部和底部的试样，拆除底板。擦净击实筒外壁，称击实筒与试样的总质量，准确至 1.0g。

(4) 用推土器将试样从击实筒中推出，从试样中心处取两个一定量土样(轻型为 15~30g)，平行测定土的含水量。称量准确至 0.01g，含水量的平行差值不得大于 1%。

(5) 按上述(1)~(4)的操作步骤对其他含水量的土样进行击实，一般不得重复使用土样。

4.1.5 试验数据记录与成果整理

1. 记录

试验数据，可按表 4.2 式样进行记录。

2. 计算

(1) 计算击实后试样的含水量：

$$w = \left(\frac{m}{m_d} - 1\right) \times 100\% \tag{4.2}$$

式中：w——含水量(%)；

m——湿土质量(g)；

m_d——干土质量(g)。

(2) 计算击实后各试样的干密度：

$$\rho_d = \frac{\rho}{1 + 0.01w} \tag{4.3}$$

表 4.2 击实试验记录表(轻型击实法)

工程名称_____　　土粒相对密度_____　　试验者_____
土样编号_____　　每层击数_____　　计算者_____
仪器编号_____　　风干含水量_____　　校核者_____
土样类别_____　　试验日期_____

试验序号	干密度/(g/cm³)					含水量/%						
	筒加土质量/g	筒质量/g	湿土质量/g	密度/(g/cm³)	干密度/(g/cm³)	盒号	盒加湿土质量/g	盒加干土质量/g	盒质量/g	水质量/g	干土质量/g	含水量/%	平均含水量/%
	①	②	③	④	⑤	⑥	⑦	⑧	⑨	⑩		
			①−②	$\dfrac{③}{V}$	$\dfrac{④}{1+0.01W}$				⑥−⑦	⑦−⑧	$\dfrac{⑨}{⑩}\times100$	

最大干密度=　　　　g/cm³　　最优含水量=　　　　%　　饱和度=　　　　%
大于5mm颗粒含率=　　　　%　　校正后最大干密度=　　　　g/cm³　　校正后最优含水量=　　　　%

式中：ρ——湿密度(g/cm³)。

计算至 0.01 g/cm³。

(3) 计算土的饱和含水量：

$$w_{sat}=\left(\dfrac{\rho_w}{\rho_d}-\dfrac{1}{d_s}\right)\times100\% \tag{4.4}$$

式中：ρ_w——温度4℃时水的密度(g/cm³);
　　　d_s——试样土粒相对密度(g/cm³)。

(4) 试验所得的最大干密度和最优含水率需校正时，应按以下公式进行。
校正后试样的最大干密度：

$$\rho'_{d,\max}=\dfrac{1}{\dfrac{1-P_5}{\rho_{d,\max}}+\dfrac{P_5}{\rho_w\cdot d_{s2}}} \tag{4.5}$$

式中：$\rho_{d,max}$——粒径小于5mm、20mm或40mm的试样试验所得的最大干密度(g)；

P_5——粒径大于5mm、20mm或40mm的颗粒含量的质量百分数(%)；

d_{s2}——粒径大于5mm、20mm或40mm的颗粒饱和面干相对密度(g/cm³)。即当土粒呈饱和面干状态时的土粒总质量与相当于土粒总体积的纯水4℃时质量的比值。

校正后试样的最优含水率：

$$w'_{op} = w_{op}(1-P_5) + P_5 w_{ab} \tag{4.6}$$

式中：w_{op}——粒径小于5mm、20mm或40mm的试样试验所得的最优含水量(%)；

w_{ab}——粒径大于5mm、20mm或40mm的颗粒吸着含水量(%)。

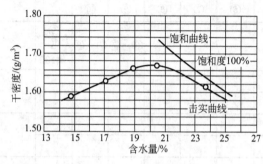

图 4.3 $\rho_d - w$ 关系曲线

3. 制图

计算数个干密度下的饱和含水量。以干密度为纵坐标，含水量为横坐标，绘制干密度与含水量的关系曲线，即为击实曲线，如图 4.3 所示。曲线上峰值点的纵、横坐标分别为最大干密度和最优含水量。如果曲线不能绘出明显的峰值点，应进行补点或重做。

在击实曲线的图中绘制出饱和曲线，用以校正击实曲线。

4.1.6 试验注意事项

（1）轻型击实法，每层土料的量应使击实后的试样高度略高于击实筒的1/3。击实完成后，超出击实筒顶的试样高度应小于6mm。

（2）土面整平分层时，两层交接面处的土应刨毛。

（3）试验用土一般使用风干土，也有采用烘干土的。但烘干土得到的最优含水量比较小，而最大干密度偏大，因此用风干土较为合理。粘性土烘干改变了胶粒的性质，对干密度影响较大，故粘土不宜用烘干土备样。

（4）加水及湿润：加水方法有两种，即体积控制法和称重控制法，其中以称重法效果为好。洒水时应均匀，浸润时间应符合有关规定。

（5）试样土中常夹有较大的不易破碎的颗粒，如碎石等，对最优含水量和最大干密度结果的准确性有一定的影响，在实际试验中，先将较大的颗粒筛出，然后将筛出的大颗粒均匀地掺入到每份所要配置的试样中，避免出现不均现象，否则试样的干密度会受影响。

4.1.7 分析思考题

（1）如果分层制样，如何消除土样制备过程中的层间薄弱现象？

（2）土样制备方法不同，对试验结果有何影响？

（3）重复使用土样，对试验结果有何影响？

(4) 重型击实仪和轻型击实仪有什么区别？怎样根据工程实际情况选用？
(5) 击实仪为什么要放在坚实的地面上做击实试验？
(6) 击实试验中，试样击实后为什么要控制余土超高？
(7) 击实曲线会不会和饱和线相交？

4.2 渗透试验

土孔隙中的自由水在重力作用下发生运动的现象，称为土的渗透。渗透是液体在多孔介质中运动的现象。土的渗透性可以用渗透系数表示，渗透系数是综合反映土体渗透能力的定量指标。

土的渗透性是由于骨架颗粒之间存在孔隙构成水的通道所致。细粒土由于孔隙小，且存在粘滞水膜，若渗透压力较小，则不足以克服粘滞水膜的阻滞作用，因而必须达到某一初始水头后，才能产生渗流。

4.2.1 试验目的与原理

应用不同渗透仪测定不同粗、细土渗透系数 k，以便了解土的渗透性能大小，用于计算土的渗透，建造土坝等挡水构筑物时选择土料，计算基坑渗水，计算饱和粘性土上建筑物的沉降和时间关系等。

若土中孔隙水在压力梯度下发生渗流，如图 4.4 所示。对于土中 a、b 两点，已测得 a 点水头为 H_1、b 点的水头为 H_2，水自高水头的 a 点（距基准面高 z_1）流向低水头的 b 点（距基准面高 z_2），水流流径长度为 l。a、b 两点的水头梯度为

$$I=\frac{\Delta H}{l}=\frac{H_1-H_2}{l} \quad (4.7)$$

达西（H. Darcy）根据砂土的试验结果而得到层流渗透定律（也称达西定律）：水在土中的渗透速度与水头梯度成正比，即

$$v=kI \quad (4.8)$$

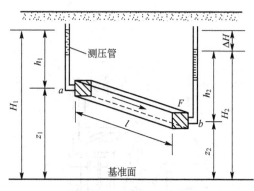

图 4.4 水在土中渗流模型

式中：v——渗透速度（m/s）；

k——渗透系数（m/s）；

I——水头梯度，即沿着水流方向单位长度上的水头差。

单位时间内流过土截面积 F 的流量称渗透流量，即

$$q=kIF \quad (4.9)$$

在粘土中，土颗粒周围的结合水因受到分子引力作用而呈现粘滞性。因此，粘土中自由水的渗流受到结合水的粘滞作用产生很大阻力，需要一个水头梯度克服结合水的阻力后才能开始渗流，称为粘土的起始水头梯度 I_0。在粘土中，达西定律修正后的渗流速度为

$$v=k(I-I_0) \quad (4.10)$$

4.2.2 试验方法和适用范围

土的渗透系数变化范围很大($10^{-1}\sim10^{-8}$),渗透系数测定应采用不同的方法。

渗透试验可分为常水头渗透试验和变水头渗透试验两种方法。常水头渗透试验适用于粗粒土(砂土),而变水头渗透试验则适用于细粒土(粘性土和粉土)。

常水头渗透试验,在圆柱形试验筒内装置土样,土的截面积为试验筒截面积,在整个试验过程中土样的压力水头维持不变。在土样中选择两点,两点的距离为一定,分别在两点设置测压管。试验开始时,水自上而下流经土样,待渗沉稳定后,测得在规定时间内流过土样的流量,同时读得两点测压管的水头差,根据达西定律即可求出渗透系数。

变水头渗透试验,在试验筒上设置储水管,储水管截面积已知,在试验过程中储水管的水头不断减小。试验开始时,读出储水管水头,经过一定时间后读出减小后的水头。可以得到单位时间内的变化水量(渗透流量),根据达西定律即可求出渗透系数。

4.2.3 仪器设备构造和使用方法

1. 常水头渗透试验

常水头渗透仪(70型渗透仪,图4.5)、天平、温度计、木槌、秒表、量杯等。

2. 变水头渗透试验

(1) 南55型渗透仪,如图4.6所示。

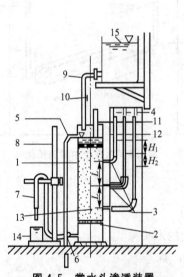

图 4.5 常水头渗透装置
1—金属圆筒;2—金属孔板;3—测压孔;4—测压管;5—溢水孔;6—渗水孔;7—调节管;
8—滑动支架;9—供水管;10—止水夹;
11—温度计;12—砾石层;13—试样;
14—量杯;15—供水瓶

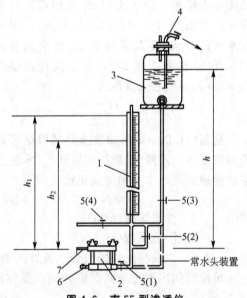

图 4.6 南55型渗透仪
1—变水头管;2—渗透容器;3—供水瓶;
4—接水源管;5—进水管夹;6—排气管;
7—出水管

① 渗透容器：由环刀、透水板、套筒及上、下盖组成。
② 水头装置：长度为 1.0m 以上，分度值为 1.0mm。
(2) 其他，如切土器、削土刀、100mL 量筒、秒表、温度计、凡士林等。

4.2.4 试验操作步骤

1. 常水头渗透试验

(1) 按照组成要求安装好仪器。

(2) 取具有代表性的风干试样 3～4kg，称量准确至 1.0g，并测定试样的风干含水量。

(3) 将试样分层装入圆筒，每层厚 2～3cm，用木槌轻轻击实到一定厚度，以控制其孔隙比。如试样含粘粒较多，应在金属板上加铺厚约 2cm 的粗砂作为过渡层，以防止试验时细料流失，并量出过渡层厚度。

(4) 每层试样装好后，连接供水管和调节管，并由调节管中进水，微开止水夹，使试样逐渐饱和。当水面与试样顶面齐平，关闭止水夹。饱和时水流不应过急，以免冲动试样。

(5) 以上述步骤逐层装试样，至试样高出上测压管 3～4cm 止，并饱和试样。待最后一层试样饱和后，继续使水位缓缓上升至溢水孔。在试样上面铺 1～2cm 砾石作为缓冲层，放水，至水面高出砾石层 2cm 左右，关闭止水夹。

(6) 量测试样顶部至仪器上口的剩余高度，计算试样净高。称剩余试样质量（准确至 1.0g），计算装入试样总质量。在试样上面铺 1～2cm 砾石作为缓冲层。

(7) 提高调节管使其高于溢水孔，将调节管与供水管分开，将供水管置于金属圆筒内，打开止水夹，使水由圆筒上部注入，至水面与溢水孔齐平为止。

(8) 静置数分钟，检查各测压管水位是否与溢水孔齐平。如不齐平，用吸水球进行吸水排气，调至水位齐平为止。

(9) 降低调节管管口位置，使其位于试样上部 1/3 处，造成水位差，水渗过试样经调节管流出。注意溢水孔应始终有余水溢出，以保持常水头。

(10) 测压管水位稳定后，记录测压管水位，计算各测压管间的水位差。

(11) 开动秒表，同时用量筒接取经一定时间的渗透水量，并重复 1 次。接取水量时，调节管出水口不可没入水中。

(12) 测记进水与出水的水温，取其平均值。

(13) 降低调节管管口至试样中部及下部 1/3 处，以改变水力坡降，按(9)～(12)步骤重复进行测定。

2. 变水头渗透试验

(1) 根据需要用环刀在垂直或水平土样层面切取原状土样或扰动土制备成给定密度的试样，并进行饱和。切土时，应尽量避免扰动土的结构，并禁止用削土刀反复涂抹试样表面。

为了保证试验准确度，要求试样必须进行饱和。因为土样的饱和度越小，土孔隙内的气体越多，土的有效渗透面积也越小；气体因孔隙水压力的变化而胀缩，成为影响试验的不确定因素。

(2) 将容器套筒内壁涂一薄层凡士林，然后将盛有试样的环刀推入套筒，并压入止水垫圈。把挤出的多余凡士林小心刮净。装好带有透水石的上、下盖，用螺丝拧紧，不得漏气漏水。

(3) 把装好试样的渗透容器进水口与供水装置连通，关闭止水夹，向供水瓶注满水。利用供水瓶中的水充满进水管，并注入渗透容器。打开排气阀，将容器侧立，排出渗透容器底部的空气，直至溢出水中无气泡。关闭排气阀，放平渗透容器。

(4) 在一定水头(不大于200cm)作用下静置一段时间，待出水管口有水溢出时，认为试样已达饱和，可以开始进行试验测定。

(5) 将水头管充水至需要高度后，关闭止水夹，开动秒表，同时测记起始水头 h_1。经过时间 t 后，再测记终了水头 h_2。如此连续测记2～3次以上，同时测记试验开始与终止时的水温。再使水头管水位上升至需要高度，再连续测记数次，需6次以上，试验终止。

4.2.5 试验数据记录与成果整理

1. 常水头渗透试验

1) 试验数据记录

试验数据可按表4.3格式进行记录。

表4.3 常水头渗透试验记录表

工程名称_____ 试样高度_____ 试验者_____
土样编号_____ 试样面积_____ 计算者_____
试样说明_____ 土粒比重_____ 校核者_____
干土质量_____ 孔隙比_____ 测压管间距_____ 试验日期_____

试验次数									
经过时间		(1)							
测压管水位 /cm	Ⅰ管	(2)							
	Ⅱ管	(3)							
	Ⅲ管	(4)							
水位差 /cm	H_1	(5)	(2)−(3)						
	H_2	(6)	(3)−(4)						
	平均 H	(7)	$\dfrac{(5)+(6)}{2}$						
	水力坡降 J	(8)	$0.1×(7)$						
渗透水量 Q/cm³		(9)							
渗透系数 k_T/(cm/s)		(10)	$\dfrac{(9)}{A×(8)×(1)}$						
平均水温/℃		(11)							
校正系数 η_T/η_{20}		(12)							
水温20℃渗透系数 k_{20}/(cm/s)		(13)	(10)×(12)						
平均渗透系数 k_{20}/(cm/s)		(14)	$\dfrac{\sum(13)}{n}$						

2) 计算
(1) 计算干密度和孔隙比：

$$m_s = \frac{m}{1+0.01w_h} \tag{4.11}$$

$$\rho_d = \frac{m_s}{Ah} \tag{4.12}$$

$$e = \frac{\rho_w d_s}{\rho_d} - 1 \tag{4.13}$$

式中：m_s——试样干质量(g)；
　　　m——试样风干质量(g)；
　　　w_h——风干含水量(%)；
　　　A——试样断面积(cm^2)；
　　　h——试样高度(cm)；
　　　e——试样孔隙比；
　　　ρ_w——水的密度(g/cm^3)；
　　　ρ_d——干密度(g/cm^3)；
　　　d_s——土粒比重。

(2) 计算渗透系数：

$$k_{20} = k_T \frac{\eta_T}{\eta_{20}} \tag{4.14}$$

$$k_T = \frac{QL}{AHt} \tag{4.15}$$

$$H = \frac{H_1 + H_2}{2} \tag{4.16}$$

式中：k_T——水温 T℃时试样的渗透系数(cm/s)；
　　　k_{20}——标准温度(20℃)时的渗透系数(cm/s)；
　　　η_T——T℃时水的动力粘滞系数，查《土工试验规程》[kPa·s(10^{-6})]；
　　　η_{20}——20℃时水的动力粘滞系数 [kPa·s(10^{-6})]；
　　　Q——时间 t 内的渗透水量(cm^3)；
　　　L——两测压孔中心之间的试样高度($L=10$cm)；
　　　A——试样断面积(cm^2)；
　　　t——时间(s)；
　　　H——平均水位差(cm)；
　　　H_1——水位差 1(cm)；
　　　H_2——水位差 2(cm)。

2．变水头渗透试验

1) 试验数据记录

试验数据可按表 4.4 的格式进行记录。

表 4.4 变水头渗透试验记录表

工程名称_____　　试样高度_____　　试验者_____
土样编号_____　　试样面积_____　　计算者_____
仪器编号_____　　孔隙比_____　　　校核者_____
土样说明_____　　测压管断面积_____　试验日期_____

开始时间 t_1/d (h min)	终了时间 t_2/d (h min)	经过时间 t/s	开始水头 H_1/cm	终了水头 H_2/cm	$2.3 \times \dfrac{aL}{At}$	$\lg \dfrac{H_1}{H_2}$	水温 T ℃时的渗透系数 k_T/(cm/s)	水温/℃	校正系数 $\dfrac{\eta_T}{\eta_{20}}$	渗透系数 k_T/(cm/s)	平均渗透系数 k_{20}/(cm/s)
①	②	③	④	⑤	⑥	⑦	⑧		⑨	⑩	
		②−①				$\lg\dfrac{④}{⑤}$	⑥×⑦			⑧×⑨	$\dfrac{\sum ⑩}{n}$

2) 计算

(1) 计算渗透系数 k_T：

$$k_T = 2.3\dfrac{aL}{At}\lg\dfrac{h_1}{h_2} \tag{4.17}$$

式中：k_T——渗透系数(cm/s)；

　　　A——变水头管截面积；

　　　L——试样高度(cm)；

　　　h_1——渗径等于开始水头(cm)；

　　　h_2——终了水头(cm)；

　　　2.3——ln 和 lg 的换算系数。

其余符号同前。

(2) 计算标准温度下的渗透系数 k_{20}：

$$k_{20} = k_T \dfrac{\eta_T}{\eta_{20}} \tag{4.18}$$

平均渗透系数的确定：在测得的结果中取 3~4 个在允许差值范围以内的数值，取其平均值，作为试样在该孔隙比 e 时的渗透系数（允许差值不得大于 2×10^{-n} cm/s）。

4.2.6　试验注意事项

1. 常水头试验

(1) 装砂前要检查仪器的测压管及调节管是否堵塞。

(2) 干砂饱和时，必须将调节管接通水源让砂饱和。

(3) 试验时水源要直接流到试样筒里，水位与溢水孔齐平。

2. 变水头试验

(1) 环刀取试样时,应尽量避免结构扰动,并禁止用削土刀反复涂抹试样表面。

(2) 当测定粘性土时,须特别注意不能允许水从环刀与土之间的孔隙中流过,以免产生假象。

(3) 环刀边要套橡皮胶圈或涂一层凡士林以防漏水,透水石需要用开水浸泡。

4.2.7 分析思考题

(1) 常水头法和变水头法的适用范围是什么?
(2) 土中含有气体对试验结果有何影响?
(3) 土的密度状态和孔隙比,对渗透系数的测定有何影响?
(4) 进行常水头试验时,为什么要先检查测压管水位是否齐平?
(5) 为什么安装仪器时,环刀与渗透容器之间必须密封?
(6) 渗透试验为什么要量测试验温度?

4.3 固结试验

土的压缩是土体在荷载作用下产生变形的过程。土在外力作用下体积缩小的这种特性称为土的压缩性。地基土在外荷载作用下,水和空气逐渐被挤出,土的骨架颗粒之间相互挤紧,封闭气泡的体积也将缩小,因而引起土层的压缩变形。

饱和土体受到外力作用后,孔隙中部分水逐渐从土体中排出,土中孔隙水压力逐渐减小,作用在土骨架上的有效应力逐渐增加,土体积随之压缩,直到变形达到稳定为止。土体这一压缩变形的全过程,称为固结。固结过程的快慢取决于土中水排出的速率,它是时间的函数。而非饱和土体在外力作用下的变形,通常是由孔隙中气体排出或压缩所引起,主要取决于有效应力的改变。

4.3.1 试验目的与原理

1. 试验目的

固结试验是将天然状态下原状土样或人工制备的扰动土制备成一定规格的试件,然后置于固结仪内,在不同荷载、有侧限和轴向排水条件下测定其压缩变形。

测定试样在侧限与轴向排水条件下,根据压缩变形与荷载压力(或孔隙比和压力)的关系绘制压缩曲线(固结曲线),以便计算土的压缩系数 a、压缩模量 E_s、垂直向固结系数 C_V、水平向固结系数 C_H、压缩指数 C_c、回弹指数 C_s 及先期固结压力 P_c,测定项目视工程需要而定。通过各项压缩性指标,可以分析、判断土的压缩特性和天然土层的固结状态,估算渗透和计算土工建筑物及地基的沉降等。

通过试验训练,掌握土的压缩试验基本原理和试验方法,了解试验的仪器设备,了解固结仪的使用方法,熟悉试验的操作步骤,掌握压缩试验成果的整理方法,加深对土样固结稳定、固结程度的理解。

2. 试验原理

在工程中所遇到的压力作用下,土的压缩可以认为只是由于土中孔隙体积的缩小所致(此时孔隙中的水或气体将被部分排出),至于土粒与水两者本身的压缩性则极微小,可不考虑。在饱和土中,水具有流动性,在外力作用下沿着土中孔隙排出,从而引起土体积减小而发生压缩。

压缩试验是将土样放在金属容器内,在有侧限的条件下施加压力,观察在不同压力下的压缩变形量。试验时由于金属环刀及刚性护环所限,土样在压力作用下只能在竖向产生压缩,而不可能产生侧向变形,故称为侧限压缩。

土样在外力作用下便产生压缩,其压缩量的大小与土样上所加的荷重大小及土样的性质有关。例如,在相同的荷重作用上,软土的压缩量就大,而坚密的土则压缩量小;在同一种土样的条件下,压缩量随着荷重的加大而增加。因此,我们可以在同一种土样上施加不同的荷重。一般情况下,荷重分级不宜过大,最后一级荷重应大于土层计算压力的 1~2 kg/cm^2。这样,便可得到不同的压缩量,从而可以算出相应荷重时土样的孔隙比。

在侧向不变形的条件下,试样在荷载增量 Δp 的作用下,孔隙比的变化 Δe 可用无侧向变形条件下的压缩量公式表示:

$$s = \frac{e_1 - e_2}{1 + e_1} H \tag{4.19}$$

式中:s——土样在 Δp 作用下的压缩量(cm);

H——土样在 p_1 作用下压缩稳定后的厚度(cm);

e_1、e_2——土样厚度为 H 时的孔隙比和在 Δp 作用下压缩稳定后(压缩沉降量为 s)的孔隙比。

孔隙比 e_2 对应的压力为 $p_2 = p_1 + \Delta p$,由式(4.19)得到 e_2 的表达式为

$$e_2 = e_1 - \frac{s}{H}(1 + e_1) \tag{4.20}$$

由上述公式可知,只要知道土样在初始条件 $p_0 = 0$ 时的高度 H_0 和孔隙比 e_0,就可以计算出每级荷载 p_i 作用下的孔隙比 e_i。由 (p_i, e_i) 可以绘出 $e-p$ 曲线。

4.3.2 试验方法和适用范围

固结试验根据工程的需要,可以进行正常慢固结试验、快速固结试验、先期固结压力确定、固结系数测定。所有试验的加荷形式均为应力控制法。

(1) 正常慢固结试验法,以 24h 作为固结稳定标准。

(2) 快速固结试验法,砂性土固结时间为 1h,粘性土固结时间宜用 2h,然后施加下一级荷重。最后一级荷重延长至 24h,除测记 1h 的量表读数外,还应测读达到压缩稳定时的量表读数,并以等比例综合固结度修正。

(3) 先期固结压力试验的最后一级荷重,应大于估算先期固结压力或自重压力的五倍以上。

(4) 水平向固结系数与垂直向固结系数的测定,主要在于排水方向不同。

固结试验适用于饱和的粘性土(当只进行压缩试验时,允许用于非饱和土)。根据学生试验的实际情况,试验可采用近似的快速法,所用土样为非饱和重塑粘性土。

4.3.3 仪器设备构造和使用方法

应力控制法通常用杠杆加荷或用滚动隔膜式气压固结仪。目前常用的固结仪，有磅秤式和杠杆式两种。

（1）固结仪：包括压缩容器及加压设备两部分，如图4.7和图4.8所示。

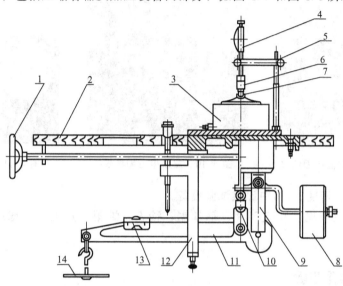

图4.7 固结仪构造示意

1—手轮；2—台板；3—容器；4—百分表；5—表夹；6—横梁；7—加压上盖；
8—平衡锤；9—升降杆；10—拉杆；11—杠杆；12—平衡架；13—长水准泡；14—砝码盘

设备用杠杆式或用气压式加压。固结压力应满足 12.5kPa、25.0kPa、50.0kPa、100kPa、200kPa、300kPa、400kPa、600kPa、800kPa、1600kPa、3200kPa 等加荷等级。

低压固结仪（图4.9）最大垂直压力为 0.6MPa，垂直加荷杠杆比为 1∶12；中压固结仪（图4.10）垂直加荷杠杆比为 1∶10，1∶12，最大出力：选用杠杆比为 1∶10 时，对应 50cm² 土样最大压力为 1.0MPa，选用杠杆比为 1∶12 时，对应 30cm² 土样最大垂直压力 1.6MPa。

（2）环刀：切取试样用环刀内径为 6.18cm 或 7.98cm，环刀高 2cm。环壁应经常保持较高的光洁度，以减小摩擦的影响。土样面积 30cm² 或 50cm²，土样高度 2cm。

（3）天平：感量 0.01g。

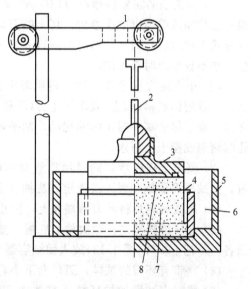

图4.8 容器内部构造示意

1—量表架；2—量表导杆；3—加压上盖；4—环刀；5—水槽；6—护环；7—试样；8—透水石

(4) 百分表：最大量程为10mm、精度为0.01mm，也可采用位移传感器和数字显示仪表，如图4.11所示。

图4.9 三联低压固结仪

图4.10 三联中压固结仪

图4.11 百分表

(5) 含水量、密度、(1)中比重试验设备。

(6) 其他：毛玻璃、圆玻璃片、钢丝锯、秒表、烘箱、修土刀、滤纸、凡士林或硅油等。

4.3.4 试验操作步骤

根据工程需要，切取原状土试样或制备给定密度与含水量的扰动土样。按试验一、二的方法，测定试样的密度及含水量。

(1) 按工程的需要选择环刀（30cm² 或 50cm²）切取备好的试样。先将环刀内壁抹一薄层凡士林油或硅油以减少摩擦，切土时刀口应向下放在原状土或人工制备的扰动土上，切取原状土样时应与天然状态时的垂直方向一致。被切土样的四周应与环刀密合，且保持完整，如不合要求时应重取。

(2) 小心地边压边削，注意避免环刀偏心入土，使整个土样进入环刀并凸出环刀为止。然后用钢丝锯（软土）或用修土刀（较硬的或硬土）将环刀上下两端余土修平刮平，擦净环刀外壁。尽量减少对土样的扰动，刮平环刀两端余土时，不得用刀反复涂抹，以免土面孔隙堵塞或使土面析水。

(3) 测定土样密度，同时用称量盒测定其含水量（参见前面的试验）。称环刀加湿土重，如试样需要饱和时，按规定方法抽气饱和。

(4) 用圆玻璃片将环刀两端盖上，防止水分蒸发。

(5) 在压缩容器内，顺次放上底板、洁净而润湿的略大于环刀的透水石（图4.12）及滤纸各一，把下护环（图4.13）放入固结容器。

(6) 将带有环刀的试样，刃口向下小心地装入压缩容器的护环内。

(7) 将带有试样的护环放入容器内，再用提环螺丝将导环置于固结容器，放好导环（图4.14），覆盖上直径略小于试样的洁净润湿的滤纸及透水石各一，然后放上加压上盖（图4.15）。

图 4.12　透水石　　　　　图 4.13　压缩容器中的护环

图 4.14　压缩容器的导环　　图 4.15　压缩容器的加压上盖

（8）轻轻抬起杠杆（图 4.16），将装好试样的压缩容器放在加压台的正中，准确地放在加荷横梁的中心，使加压横梁上的螺栓与加压上盖的凹部小孔紧密配合，然后装上百分表，调节表脚使其可伸长的长度不小于 8mm，并检查表是否灵敏和垂直（在教学试验中，学生应在试验前熟悉百分表如何读数）。

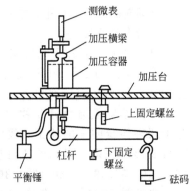

图 4.16　杠杆式固结仪主要装置示意

（9）检查加压设备是否稳固、灵敏及位置是否正确。杠杆加荷式固结仪应调整杠杆水平。

（10）在砝码吊盘上加相当于试样受压约为 1kPa 的预压荷载，使固结仪的各部分紧密接触（为保证试样与容器上下各部件之间接触良好）。如采用气压式固结仪，可按规定调节气压力，使之平衡，同时使各部件之间密合。

（11）调平加压杠杆（使长水准泡居中），然后调整百分表的读数，使其指针以某一正数作为起初读数（不小于 8mm）的量程，并记录。当用传感器时，也可调整初读数，按工程需要确定加荷等级、测定项目及试验方法。

（12）卸去预压荷载，施加第一级荷载，其大小可视土的软硬程度分别采用 12.5kPa、25.0kPa 或 50kPa（一般采用 50kPa 为第一级荷载）。一般工程的加荷等级可采用 50kPa、100kPa、200kPa、300kPa、500kPa 等。最后一级荷重应大于土层的自重应力与附加应力之和的 200～300kPa。只测压缩系数时，最大压力不小于 400kPa。由于试验教学时间的关系，本试验加荷顺序为 50kPa、100kPa、200kPa、300kPa、400kPa。

（13）对于特殊要求的试验，如高层建筑、重型厂房、海洋工程、较大的水土建筑和深层地基等，加荷等级可用 12.5kPa、25kPa、50kPa、100kPa、200kPa、300kPa、400kPa、600kPa、800kPa、1600kPa、3200kPa 等，必要时可再增加到 6400kPa、10000kPa 或 12800kPa。当需要做回弹试验时，回弹荷重可由超过自重应力或超过先期固结压力的下一级荷重顺次卸荷至 25kPa，然后再顺次加荷，一直加至最后一级荷重为止。需要确定原状土的先期固结压力时，加压率宜小于 1，可采用 0.5 或 0.25 倍。最后一级压力应使 $e-\lg p$

曲线下段出现较长的直线段。

当不需要测定沉降速率时，稳定标准规定为每级压力下固结24h，或量表读数每小时变化不大于0.005mm认为稳定（教学试验可另行假定稳定时间）。只需测定压缩系数的试样，施加每级压力后，每小时变形达0.01mm时，测记稳定读数作为稳定标准。如果由于工期紧迫，需缩短试验周期时，也可以选择快速试验法，并综合固结度法给予修正。

（14）需要做回弹试验时，可在某级压力下固结稳定后卸压，直至卸至第一级压力。每次卸压后的回弹稳定标准与加压相同，即每次卸压后24h测定试样的回弹量。但对于再加压时间，因考虑到固结已完成，稳定较快，因此可采用12h或更短的时间。

（15）在加荷同时开动秒表。加荷时应将砝码轻轻地放在砝码盘上，避免因冲击、摇摆而使试样产生额外的变形和砝码掉落伤人。在试验过程中，应始终保持加压杠杆的平衡。测记稳定读数后，再施加第二级压力。依次逐级加压至试验结束。

（16）若系饱和试样（当土样处于地下水位以下或需要浸水时），应在施加第一级荷载后，立即向固结仪容器中的水槽内注满水；若系非饱和试样，则以湿棉花围护在加压上盖周围以防水分蒸发。

（17）加荷后可按下列时间测记百分表读数：6″、9″、15″、1′、2′15″、4′、6′15″、9′、12′15″、16′、20′15″、25′…直至24h稳定。测记读数后，施加第二级荷载，依次逐级加荷至试验终止（学生只读到25′）。

（18）当需要预估建筑物对于时间与变形（沉降）的关系时，测定固结系数C_v，或对于层理构造明显的软土，需测定水平向固结系数C_H时，应在某一级荷重下测定时间与变形的关系。时间读数可按6″（5″）、15″、30″、1′、2′15″、4′15″、9′、12′15″、16′、20′15″、25′、30′15″、36′、42′15″、49′、64′、81′、100′、144′…直至24h为止。当测定C_H时，须备有水平向固结的径向多孔环，环的内壁与土样之间应贴有滤纸。

（19）当试验结束时，应先排除固结容器内水分，然后拆除容器内部件，取出带环刀的土样。对于饱和试样，则用干滤纸吸去试样两端表面和环刀外壁上的水。测定试验后的密度和含水量。

（20）试验结束后，迅速顺次拆去百分表、卸除砝码、升起加压框架、取下容器、拿出护环，小心地取出带环刀的试样。用烘干法测定试验后试样的含水量（若系饱和试样，则用干滤纸吸去试样两端表面上的水再取出试样）。

4.3.5 试验数据记录与成果整理

1. 试验记录

快速固结试验数据可按表4.5的式样进行记录。

正常慢固结试验法试验结果记录见表4.6。

2. 计算及绘图

（1）计算试样的初始孔隙比：

表 4.5　固结试验记录表（快速固结试验法）

仪器编号_____　　压缩环刀号数_____　　试样初始孔隙比 e_0_____
环刀加湿土质量_____g　　环刀质量_____g　　试验前含水量_____%
干土质量_____g　　环刀高度_____cm　　试验前密度_____g/cm³
土粒比重_____　　环刀体积_____cm³

各级荷载历时 /min	各级荷载下百分表读数							
	12.5kPa	25kPa	50kPa	100kPa	200kPa	400kPa	800kPa	1600kPa
0								
0.1								
0.15								
0.25								
1.0								
2.25								
4								
6.25								
9								
12.25								
16								
20.25								
25								
总变形量（某荷载下百分表累计读数）								
仪器变形量 λ								
试样变形量 h_i								
试样相对沉降量 λ_z								
试样变形后孔隙比 e_i								

表 4.6　固结试验记录表（正常慢固结试验法）

工程名称_____　　试验者_____
土样编号_____　　计算者_____
仪器编号_____　　校核者_____

时间经过/min	压力(kPa)									
	50		100		200		300		400	
	日期	量表读数(0.01mm)	日期	量表读数(0.01mm)	日期	量表读数(0.01mm)	日期	量表读数(0.01mm)	日期	量表读数(0.01mm)
0										
0.25										

(续)

工程名称_____　　　试验者_____
土样编号_____　　　计算者_____
仪器编号_____　　　校核者_____

时间经过/min	压力(kPa)									
	50		100		200		300		400	
	日期	量表读数(0.01mm)	日期	量表读数(0.01mm)	日期	量表读数(0.01mm)	日期	量表读数(0.01mm)	日期	量表读数(0.01mm)
1										
2.25										
4										
…										
36										
42.25										
60										
23h										
24h										
总变形量/mm										
仪器变形量/mm										
试样变形量/mm										

注：采用快速法与标准方法的区别是在各级压力下的压缩时间为1h，仅在最后一级压力下，除测记1h的量表读数外，还应测读达压缩稳定时的量表读数。稳定标准为量表读数每小时变化不大于0.005mm。

$$e_0 = \frac{\rho_w \cdot d_s (1 + 0.01 w_0)}{\rho_0} - 1 \tag{4.21}$$

式中：d_s——土粒比重；

w_0——试样开始时的含水量(%)；

ρ_0——试样开始时的密度(g/cm³)；

ρ_w——水的密度(g/cm³)，一般取 $\rho_w = 1$g/cm³。

（2）计算各级荷载下压缩稳定后的相对沉降量：

$$\lambda_z = \frac{h_i}{H} \tag{4.22}$$

式中：h_i——某一级荷载下，试样压缩稳定后的总沉降量(等于该荷载下压缩稳定后的百分表读数减去仪器变形量 λ，仪器变形量由实验室提供)(mm)；

H——试样的初始高度(等于环刀高)(mm)。

(3) 各级荷载下压缩稳定后的孔隙比：
$$e_i = e_0 - (1+e_0)\lambda_z \tag{4.23}$$

式中：e_i——某一荷载下变形稳定后的孔隙比；

e_0——试样原始孔隙比；

h_i——某一级荷载下的总变形量(mm)；

H——试样原始高度(mm)。

计算某一压力下固结稳定后土的校正后孔隙比：
$$e_i' = e_0 - k(1+e_0)\lambda_z \tag{4.24}$$

式中：k——校正系数，$k = \dfrac{e_0 - (e_n)_T}{e_0 - (e_n)_t}$；

$(e_n)_t$——最后一级压力下试样固结 1h 的孔隙比；

$(e_n)_T$——最后一级压力下试样固结 24h 的孔隙比。

(4) 以孔隙比 e (包括 e_0)为纵坐标，荷载(单位压力)p 为横坐标(或对数坐标)，将试验成果标在图上，连成一条光滑曲线，绘制压缩曲线 e-p 曲线(图 4.17)或 e-$\lg p$ 曲线。

(5) 由压缩曲线计算试样在某荷载范围内的压缩系数：
$$a_{i-i+1} = \dfrac{e_i - e_{i+1}}{p_{i+1} - p_i} \times 1000 \tag{4.25}$$

式中：a_{i-i+1}——某一荷载范围内的压缩系数(MPa^{-1})；

e_i——某一荷载下变形稳定后的孔隙比；

p_i——某一荷载值(kPa)。

根据 e-p 曲线(图 4.18)，确定在指定荷载变化范围 $p_2 \sim p_1$ 内(p_1 相当于土层所受的平均自重应力，p_2 相当于土层所受的平均自重应力和附加应力之和)土的压缩系数：
$$a_{1-2} = \dfrac{e_1 - e_2}{p_2 - p_1} \times 1000 \tag{4.26}$$

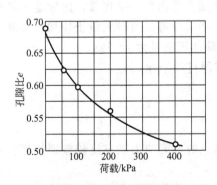

图 4.17　e-p 关系曲线

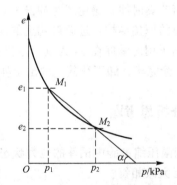

图 4.18　由 e-p 曲线确定压缩系数 a

用压缩系数判断土的压缩性。

(6) 用时间平方根法求算固结系数。

对于某一级荷载，以量表读数 s 为纵坐标，时间平方根 $\sqrt{t}$ (min)为横坐标，绘制 s-$\sqrt{t}$

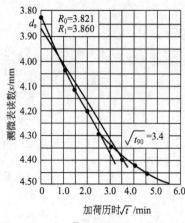

图 4.19 $s-\sqrt{t}$ 固结曲线（$p=400\text{kPa}$）

曲线，如图 4.19 所示。延长 $s-\sqrt{t}$ 曲线开始段的直线，交于纵坐标轴 d_s（d_s 称理论零点）。过 d_s 绘制另一直线，令其横坐标为前一直线横坐标的 1.15 倍，则后一直线与 $s-\sqrt{t}$ 曲线交点所对应的时间的平方即为该试样固结度达到 90% 所需时间 t_{90}。

计算该荷载下的固结系数：

$$C_v = \frac{0.848h^2}{t_{90}} \tag{4.27}$$

式中：$\bar{h} = \dfrac{h_1 + h_2}{2}$——最大排水距离，等于某一荷载下试样初始与终了高度的平均值的一半。

4.3.6 试验注意事项

（1）使用仪器前必须预习，严格按程序进行操作。

（2）试验过程中不能卸载，百分表也不用归零。随时调整加压杠杆，使其保持平衡。

（3）切削试样时，应十分耐心操作，尽量避免破坏土的结构，边削边压环刀，不允许直接将环刀压入土中。在削去环刀两端余土时不允许用刀来回涂抹土面，避免孔隙被堵塞。

（4）首先装好试样，再安装百分表。在装表的过程中，小指针需调至整数位，大指针调至零，表杆头要有一定的伸缩范围，固定在表架上。表的转动是倒转，读数是表内圈小字的数。如外圈是 70，读数是内圈 30。

（5）加荷时要注意正确放置砝码。应按顺序加砝码；不要振碰试验台及周围地面，加荷或卸荷时均应轻放或轻取砝码，不得对仪器产生震动，以免指针产生移动；加荷时垂直地在瞬间完成，且没有冲击力，这个度需把握好。尤其土样数量较多时，应自始至终掌握好各级加荷节奏时间，避免产生冲击力，并防止加荷后出现钟摆现象，因为这两种现象均能破坏土质的原始结构，进而影响土的压缩性和渗透性等。通过大量土样加压实践，认为每块砝码加压用时掌握在 6s 为宜，这样每级荷载加压用时为 1~12s。

（6）试验完毕，卸下荷载、取出土样，把仪器打扫干净。

4.3.7 分析思考题

（1）侧限压缩试验中试件的应力状态与地基土的实际应力状态比较差别如何？在什么条件下两者大致相符？

（2）土的压缩一般需要比较长的时间才能稳定，我们只测读 25min 的读数，得出的压缩系数和固结系数是否会有很大的误差？如何分析？

（3）从天然土层中取原状土样在室内做试验时得出的压缩曲线是否为原始压缩曲线？为什么？

（4）压缩试验求得的变形过程曲线和渗透固结曲线有何关系？两者是否重合？为

什么？

(5) 非饱和土的固结试验是否可用于测定压缩性指标和固结系数？

(6) 为避免破坏土样的结构保证试验结果的准确性，应如何切削土样？

(7) 加载速率对试验成果有何影响？

(8) 量表读数是土的压缩量吗？

4.4 直接剪切试验

土的抗剪强度是土在外力作用下，其一部分土体对于另一部分土体滑动时所具有的抵抗剪切的极限强度。

4.4.1 试验目的与原理

直接剪切试验是测定土的抗剪强度的一种常用方法。通常采用不少于 3 个试样，分别在不同的垂直压力下，分别施加水平剪切力进行剪切，求得破坏时的剪应力 τ_f。然后根据库仑定律，确定土的抗剪强度指标内摩擦角 ϕ 和内聚力 c。

1. 试验目的

测定土的抗剪强度，获得计算地基强度和稳定用的基本指标（ϕ 和 c）。内摩擦角和内聚力与抗剪强度之间的关系，可以用库仑公式表示：

$$\tau_f = \sigma \tan\phi + c \tag{4.28}$$

式中：τ_f——抗剪强度，即破坏剪应力(kPa)；

σ——正应力(kPa)；

ϕ——内摩擦角(°)；

c——内聚力(kPa)。

掌握土的直接剪切试验基本原理和试验方法，掌握应变控制式直剪仪的性能、使用方法，熟悉试验的操作步骤，掌握直接剪切试验成果的整理方法，了解试验数据的处理、计算、绘图。

2. 试验原理

当土体上施加外荷载后，如取出一单元体来分析时，在单元体任意角度 α 的平面上(主应力面除外)，如图 4.20 中 m—n 平面，作用着法向应力 σ_n 和剪应力 τ_n，而剪应力有使 m—n 面以上土体向左滑动的趋势。因此，土颗粒之间的阻力便要阻止它滑动，这阻力称为抗剪强度 τ_f。

因此，剪应力 τ_n 和抗剪强度 τ_f 在不同的荷载作用下有可能出现下列三种情况。

(1) 当荷载较小时，$\tau_n < \tau_f$，土体尚处于弹性压缩阶段，土体内尚未形成剪切滑动面。

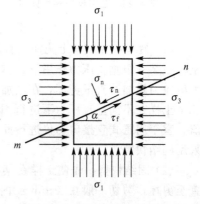

图 4.20 单元体受剪应力状态

(2) 当荷载继续增加，使 $\tau_n = \tau_f$，这时土体内已开始形成剪切滑动面，但尚未滑动而是处于极限平衡状态。从理论上说只要外载稍有增加，土体内某面 m—n 上便开始剪切滑动。

(3) 如荷载继续加大，使 $\tau_n > \tau_f$，这时剪应力超过土的抗剪强度（实际这是不可能的，因当 $\tau_n > \tau_f$ 时土中应力将重分配），直至在土体内某一面上的剪应力大于抗剪强度时，便形成了剪切滑动面，使土体沿滑动面滑动。

在工程上所关心的是土体在什么情况下处于极限平衡状态，如何求得土的抗剪强度。

剪切试验便是解决这个问题，可在同一种土样上施加不同的法向力进行剪切，将剪切破坏时的剪应力作为土的抗剪强度。按照库仑定律，剪应力与法向应力近似呈线性关系。因此可根据不同的法向应力和相应的抗剪强度得 $\tau_f - \sigma_n$ 曲线。同时该曲线可用直线来代替，在直线上任意一点的纵坐标表示在土体内某一个平面处于极限平衡状态时土的抗剪强度。

直剪试验中采用圆柱状试样，在竖直方向加法向力 P，在预定剪切面上、下加一对剪力 T 使试样剪切。试验时，剪力 T 自零开始增加，剪切位移 δ 也自零增加。剪破时，剪力 T 达到最大值 T_{max}，对应剪破面上剪应力达到抗剪强度，即

$$\sigma = P/A, \quad \tau_f = T_{max}/A$$

式中：σ——剪破面上的法向应力；

P、T——法向力和剪力；

τ_f——剪破面上抗剪强度；

T_{max}——试样所受最大剪力；

A——剪破面面积。

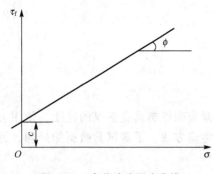

图 4.21 直剪试验强度曲线

当采用 4 个试样，用不同的法向应力 σ_i 作用于竖直方向，剪切时得到不同抗剪强度 τ_{fi}。将 4 组坐标（σ_i，τ_{fi}）标在图 4.21 所示的坐标系中，作强度线（可用最小二乘法），强度线在纵坐标上的截距为粘聚力 c，与水平线的夹角为内摩擦角 ϕ。

4.4.2 试验方法和适用范围

本试验使用应变控制式直剪仪，可根据实际情况选用粘性土的快剪、固结快剪、慢剪三种方法和砂类土的直剪。

(1) 慢剪：在试样上施加垂直压力及水平剪应力的过程中，均使试样排水固结。先使土样在某一级垂直压力作用下，排水固结变形稳定后（粘性土约 16min 以上），再以缓慢水平剪应力施加，直至剪坏，在施加剪应力过程中，使土样内始终不产生孔隙水压力。如用几个土样在不同垂直压力下进行固结慢剪，将会得到有效应力下的抗剪强度参数 c_s 和 ϕ_s 值，宜于用匣式直接剪切仪进行此种试验，但历时较长，因此一般建筑物的设计施工较多采用固结快剪。

(2) 固结快剪：先使土样在某荷重下固结（排水变形稳定），再以较快速度施加剪力，直至剪坏，剪切一般在 3～5min 内完成。由于时间短促，剪力所产生的超静水压力不会转化为粒周的有效应力；这样就使得库仑公式中的 τ_f 和 σ 都被控制着，如用几个土样在不同

的 σ 作用下进行试验，便能求得 ϕ_{cq} 和 c_{cq} 值，这种 ϕ_{cq}、c_{cq} 值称为总应力法强度参数。

(3) 快剪：在试样上施加垂直压力后，立即快速($0.8\sim1.2$mm/min 的速率)施加水平剪应力直至剪坏。采用原状土样尽量接近现场情况，然后在较短时间内完成试验，一般在 $3\sim5$min 内完成。这种方法将使粒间有效应力维持原状，不受试验时外力的影响，但由于这种粒间有效应力的数值无法求得，所以试验结果只能得出($\sigma\tan\phi+c$)的混合值。快速法适用于测定粘性土天然强度，但 ϕ_q 角将会偏大。

直剪试验适用于测定细粒土的抗剪强度指标 c 和 ϕ 及土颗粒的粒径小于 2mm 的砂土的抗剪强度指标 ϕ。渗透系数 k 大于 10^{-6} cm/s 的土不宜做快剪试验。

4.4.3 仪器设备构造和使用方法

(1) 应变控制式直剪仪，如图 4.22 所示。

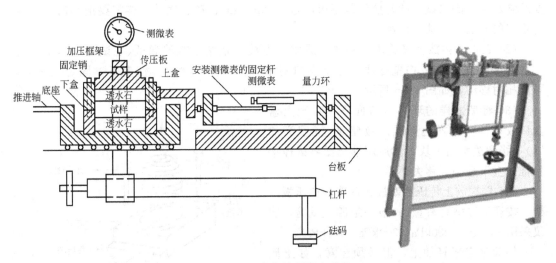

图 4.22 应变控制式直剪仪

① 剪切盒：剪切盒(图 4.23)分上下两盒(附一个传压盖及两个透水石)。上盒一端顶在量力环的一端固定，下盒与底座连接可以水平方向移动，底座放在两条轨道滚珠上，用以减少摩擦力。

② 加力及量测设备：

垂直荷重：通过杠杆传动，杠杆比 1:10(有些单位用 1:12)，放砝码(图 4.24)来施加。

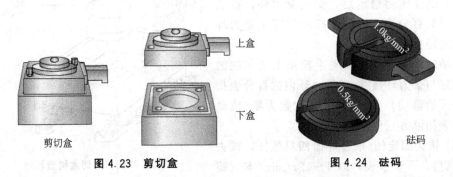

图 4.23 剪切盒　　　　图 4.24 砝码

图 4.25 推土器

水平荷重：通过旋转手轮推进螺杆顶压下盒来施加，荷重大小从量力环的变形间接求出。

测力计：也称量力环（附百分表），根据编号查测力计校正系数。

(2) 环刀：面积为 32.2cm²，高度为 2cm（少数单位为 2.5cm）。

(3) 百分表：最大量距 10mm，精度 0.01mm。

(4) 其他：秒表、天平、烘箱、修土刀、钢丝锯、推土器（图 4.25）、滤纸、毛玻璃板、圆玻璃片以及润滑油等。

4.4.4 试验操作步骤

(1) 试样制备：从原状土样（粘性土）中切取原状土试样或制备给定干密度和含水量的扰动土试样。将试样表面削平，用环刀切取 3~4 个试样备用。称环刀加湿土重，测出密度及含水量，四块试样的密度误差不得超过 0.03g/cm³。对于扰动土样需要饱和时，按规范规定的方法进行抽气饱和。

(2) 在下盒内放洁净透水石一块，透水石上放一张蜡纸或湿滤纸（视试验过程中是否排水而定）。将剪切盒内壁擦净，上下盒口对准，插入固定销钉，使上下盒固定在一起，不能相对移动，如图 4.26 所示。

(3) 将带试样的环刀刃口向下，对准上盒盒口放好，在试样上面顺序放蜡纸（或湿润滤纸）一张和透水石一块，然后用推土器将试样平稳推入上下盒中，移去环刀。

(4) 顺次放上传压活塞板、钢珠和加压板框架。按规定加垂直荷重（一般一组四次试验，建议采用 100kPa、200kPa、300kPa、400kPa）。

加荷时应轻轻加上，但必须注意，如土质松软，为防止被挤出，应分级施加，切不可一次加上。

如是饱和试样，则在施加垂直压力 5min 后，加水饱和；非饱和土不必加水饱和，但须防止水分蒸发，粘性土试样压缩稳定时间一般为 16h 以上。

(5) 试样压缩稳定后，安装量力环，在量力环上安装百分表，表的测杆应平行于量力环受力的直径方向。

按顺时针方向徐徐转动手轮至上盒前端的钢珠刚好与量力环接触（即量力环内的百分表指针刚好开始移动），调整百分表读数为零（或测记百分表初读数）。

(6) 拔去固定销（松开外面四只螺杆，拔去里面销钉），开动秒表，以 4~12r/min（本试验

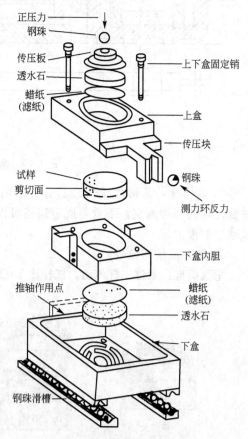

图 4.26 剪切盒构造示意

以 6r/min 为宜)的均匀速率转动手轮(如果是电动直剪仪,开动电动机),转动过程中不应中途停顿或时快时慢。使试样在 3~5min 内剪损,手轮每转一圈(推进下盒 0.2mm)应测记百分表读数一次。

观察受压后量力环上的百分表的转动,它将随下匣的位移而增大,当百分表指针不再前进或指针开始倒退时,量力环读数出现峰值,认为试样已剪坏,应继续剪切至剪切位移为 4mm 时停机。但有时不一定很明显地有上述现象,如百分表指针一直缓慢前进,说明不出现峰值,此时建议在位移 4mm 或 6mm 附近多读几个读数,破坏以变形控制进行到剪切变形达 4mm 时为准。记下最终读数,停止手轮或关停电动机。

根据量力环号码抄录量力环率定系数(量力环系数)C_0。

(7) 剪切结束后,倒转手轮,然后顺序去掉荷载、加压架、钢珠、传压板与上盒,取出试样。

(8) 洗净剪切盒,装入第二个试样,重复上述步骤,做其他各垂直压力下的剪切试验。

(9) 全部做完后,取下土样,把仪器打扫干净。

4.4.5 试验数据记录与成果整理

1. 记录

试验数据可按表 4.7 的格式进行记录。

表 4.7 直剪试验记录表

试样编号:_____ 试验者:_____
试验方法:_____ 计算者:_____
环刀面积:_____ 试验日期:_____
环刀体积:_____ 土样说明:_____
仪器号:_____ 土样比重:_____

	垂直荷载	100kPa	200kPa	300kPa	400kPa
密度	环刀编号				
	(环刀+湿土质量)/g				
	环刀质量/g				
	湿土质量/g				
	湿土密度				
含水量	盒号				
	(盒+湿土质量)/g				
	(盒+干土质量)/g				
	盒质量/g				
	水质量/g				
	干土质量/g				
	含水量				

（续）

计算值	垂直荷载	100kPa	200kPa	300kPa	400kPa
	干密度				
	孔隙比				
	饱和度				
	抗剪强度				

垂直荷载_____kPa　　　　　　　　量力环率定系数 $C_0=$ _____MPa/mm
抗剪强度_____kPa

手轮转数 n /转	测微计读数 R /0.01mm	剪应力 τ_f /kPa	剪切变形 ΔL /0.01mm
①	②	③=②×C_0	④=20×①－②

2. 计算

（1）密度的计算（略）。

（2）抗剪强度的计算：

$$\tau_f = C_0(R - R_0) \tag{4.29}$$

式中：τ_f——抗剪强度(kPa)；

R——量力环中百分表最大读数，或位移量 4mm 时的读数(0.01mm)；

R_0——量力环中百分表初始读数或为零(0.01mm)；

C_0——量力环率定系数（其值标明在各仪器的量力环上）(kPa/0.01mm)，由实验室提供（图 4.27）。

（3）剪切位移量的计算：

$$\Delta L = 0.2n - R \tag{4.30}$$

式中：ΔL——剪切位移(mm)；

n——手轮转数。

3. 绘图

（1）绘制剪应力 τ 与剪切位移 ΔL 关系曲线。以剪应力 τ 为纵坐标，剪切位移 ΔL 为横坐标，绘制剪应力 τ 与剪切位移 ΔL 关系曲线（$\tau - \Delta L$ 关系曲线），如图 4.28 所示。

（2）画出抗剪强度与垂直压力关系曲线。以抗剪强度 τ_f 为纵坐标，垂直应力 P 为横坐标，绘出坐标点（注意纵、横坐标比例尺应一致），根据这些点绘一视测直线，即为强度包线，如图 4.29 所示。该线的倾角即为土的内摩擦角 ϕ，该线在纵坐标上的截距即为土的粘聚力 c。

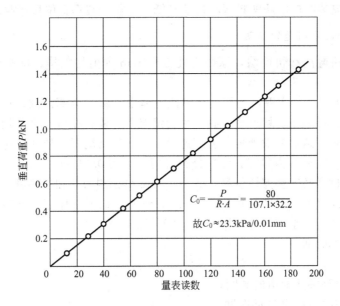

图 4.27 量力环垂直荷重与量表读数的关系

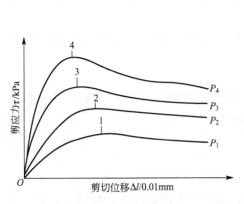

图 4.28 剪应力与剪切位移关系曲线

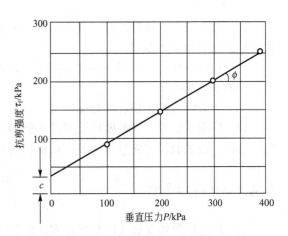

图 4.29 抗剪强度与垂直压力的关系曲线

4.4.6 试验注意事项

1. 关于试验方法的说明

（1）快剪法和固结快剪法适用于渗透系数小于 10^{-6} cm/s 的粘性土，它们的不同点是，在快剪法中，当垂直压力施加以后，立刻进行水平向剪切。

（2）快剪法和固结快剪法取峰值为破坏点时，软土则按 70% 的峰值为土的强度，但需要加以注明。

（3）快剪法最大的垂直压力应控制在土体自重压力左右，结构扰动的土样不宜进行。

(4) 快剪法安装时应以硬塑料薄膜代替滤纸，不需安装垂直位移量测装置。

2. 关于剪切速率问题的说明

(1) 对固结快剪法和快剪法，原则上在 3~5min 内剪切完毕，即每分钟剪切位移为 0.8~1.0mm。

(2) 固结慢剪也称排水剪，剪切过程中使土体中孔隙水全部消散，根据不同土性即渗透系数的不同可选择适当剪切速率，有条件的情况下，监察在剪应力作用下试样底部的孔隙水压力有否增长，从而有效地控制剪切速率。但一般情况下无监测孔隙水压力装置，此时对于粘性土可在 4~6h 内剪完，即每分钟剪切位移为 0.01~0.02mm，这可获得有效应力下强度参数。试样每产生剪切位移 0.2~0.4mm 测记测力计和位移读数，直至测力计读数出现峰值，应继续剪切至剪切位移为 4mm 时停机，记下破坏值；当剪切过程中测力计读数无峰值时，应剪切至剪切位移为 6mm 时停机。

估算剪切破坏时间：
$$t_f = 50 t_{50} \tag{4.31}$$

式中：t_f——达到破坏所经历的时间；

t_{50}——固结度达到 50% 的时间。

3. 注意事项

(1) 每组几个试样应是同一层土，密度值不应超过允许误差。同一组试验应在同一台仪器中进行，以消除仪器误差。

(2) 开始剪切时，切记一定要拔掉销钉，否则试样报废，而且会损坏仪器，若销钉弹出，还有伤人的危险。

(3) 加荷时应轻拿轻放，避免冲击、震动。

(4) 摇动手轮时应尽量做到匀速连续转动，切不可中途停顿。剪切时转动手轮速度是 6 圈/min，在试验前可先练习一下，以便控制剪切速度。

4.4.7 分析思考题

(1) 用直接剪切仪做土的抗剪强度试验过程中，如果产生排水现象，对测出的结果会有什么影响？

(2) 影响土的抗剪强度的因素有哪些？试验前测定试样密度有什么用途？

(3) 在快剪法和固结快剪法中，为什么全部剪切过程在 3~5min 内完成？为什么试样上、下要垫蜡纸？

(4) 直剪试验中，如何判断土体已破坏？

(5) 试述紧砂和松砂在剪切时的应力-应变和强度特性并解析其原因。

(6) 比较直剪试验的三种方法及其相互间的主要差异。

(7) 试验时垂直荷载的大小根据什么确定？

(8) 试验中试样破坏面限定在上下剪切盒之间的界面，会对测试结果造成什么影响？

(9) 在计算抗剪强度时，按土样的原截面面积计算，会对测试结果造成什么影响？

(10) 测出 c（内聚力）值有时出现异常情况，如 c 为负值，主要原因是什么？

4.5 三轴剪切试验

三轴试验涉及有效应力原理、固结理论、摩尔库仑强度理论、应力路径、孔隙水压力系数等土力学中几乎所有核心的概念和理论。注重这些理论和概念与操作环节的联系，有助于切实提高学生的理论水平。

4.5.1 试验目的与原理

1. 试验目的

土的三轴剪切试验是综合性试验，通过对试验的设计，能获得在不同的排水条件下土的应力与应变的关系和强度参数。通过试验训练，了解三轴剪切试验原理及强度指标的测试方法，掌握三轴仪的基本操作方法，了解三轴压缩试验不同排水条件的控制方法和孔隙压力的测量原理，了解自动数据采集系统及数据处理软件的使用方法。

2. 试验原理

一般认为，土体的破坏条件用摩尔-库仑(Mohr-Coulomb)破坏准则表示比较符合实际情况。即土体在各向主应力的作用下，作用在某一应力面上的剪应力与法向应力之比达到某一比值，土体将沿该面发生剪切破坏，而与作用的各向主应力的大小无关。

摩尔-库仑破坏准则的表达式为

$$\frac{\sigma_1-\sigma_3}{2}=c \cdot \cos\phi+\frac{\sigma_1+\sigma_3}{2}\sin\phi \tag{4.32}$$

式中：σ_1、σ_3——大、小主应力；

c、ϕ——土的粘聚力、内摩擦角。

三轴压缩试验是测定土的抗剪强度的一种方法，它通常用 3~4 个圆柱形试样，分别在受压室内施加不同的恒定周围压力（即小主应力 σ_3）下，再施加轴向压力[即产生主应力差($\sigma_1-\sigma_3$)]，进行剪切直至试样破坏为止；然后根据摩尔-库仑理论，求得抗剪强度参数（内摩擦角和内聚力）。

4.5.2 试验方法和适用范围

根据排水条件不同，试验分为：

(1) 不固结不排水剪(UU)：试验在施加周围压力和增加轴向压力直至破坏过程中均不允许试样排水，土样从开始加载至试样剪坏，土中的含水量始终保持不变，孔隙水压力也不可能消散。本试验可以测得总应力抗剪强度参数 u_c、ϕ_u。

UU 试验可分为不测孔隙水压力和测定孔隙水压力两种。前者土样两端放置不透水板，后者土样两端放置透水石或上端装有不透水板而下端与测定孔隙水压力装置连通。

不固结不排水剪试验方法适用于细粒土和粒径小于 20mm 的粗粒土。这种方法适用于土体受力而孔隙压力不消散的情况。当建筑物施工速度快，土体渗透系数较低，而排水条件又差时，为考虑施工期的稳定，一般采用该类试验。

（2）固结不排水剪（CU 或 $\overline{CU}$）：试样先在某一周围压力作用下排水固结，待固结稳定后，在保持不排水的情况下，增加轴向压力直至破坏。本试验可以测得总抗剪强度参数 c_{cu}、ϕ_{cu} 或有效抗剪强度参数 c'、ϕ'，以及孔隙压力参数。

（3）固结排水剪（CD）：试样先在某一周围压力作用下排水固结，然后在允许试样充分排水的情况下，增加轴向压力直至破坏。本试验可以测得有效抗剪强度参数 c_d、ϕ_d 和变形参数。

4.5.3 仪器设备构造和使用方法

1. 应变控制式三轴剪力仪

三轴仪可将试样控制在一定的变形速率下完成剪切过程，并装有孔隙水压力的量测设备，如图 4.30 所示。

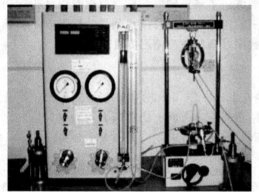

图 4.30 三轴仪

三轴仪的基本构造可分为试样压力室、轴向加压装置、周围压力的恒压设备、真空抽气饱和设备、试样体积变化的量测部分和孔隙水压力测量装置等，如图 4.31 所示。

（1）三轴压力室：将用橡皮薄膜（乳胶薄膜）包扎的圆柱体土样置于压力室中间，土样下端连接下压力室底座，底座下有排水孔并能测定土样底部孔隙水压力，土样上端连接上样帽，土样帽可以连接上

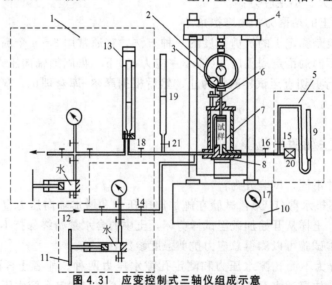

图 4.31 应变控制式三轴仪组成示意

1—反压力控制系统；2—轴向测力计；3—轴向位移计；4—试验机横梁；5—孔隙压力测量系统；
6—活塞；7—压力室；8—升降台；9—量水管；10—试验机；11—周围压力控制系统；
12—压力源；13—体变管；14—周围压力阀；15—量管阀；16—孔隙压力阀；
17—手轮；18—体变管阀；19—排水管；20—孔隙压力传感器；21—排水管阀

端排水管路并通过底板内设有排水孔将孔隙水直接引出，压力室底板处还设有施加侧压力的进气(水)孔，在土样帽上端还有与压力室活塞相配的传压活塞等组成。

(2) 轴向加荷传动系统：采用电动机带动多级变速的齿轮箱，或者采用可控硅无级调速，根据土样性质及试验方法确定加荷速率，通过传动系统使土样压力室自下而上地移动，使试件承受轴向压力。

(3) 轴向压力测量系统：通常的试验，轴向压力由测力计(或称测力环、应变圈等)来反映土体的轴向荷重，测力计由线性和重复性较好的金属弹性体组成，测力计的受压变形由百分表测读。轴向压力系统也可由荷重传感器来代替。

(4) 周围压力稳压系统：采用调压阀控制，当调压阀控制到某一固定压力后，它将压力室的压力进行自动补偿而达到周围压力的稳定。

(5) 孔隙压力测量系统：大多数仪器装有水银零位指示器，孔隙压力由紫铜管的孔隙水传递给水银零位指示器，水银柱受到孔隙水压力的作用产生了高差，然后由反方向的液压筒施加液体压力，使水银面重新平衡，此时液压筒所反映的压力表压力即对该时的孔隙水压力。目前已有不少采用液压传感器，由电信号反映孔隙水压力。

(6) 轴向应变(位移)测量装置：轴向距离采用长标距百分表(0～30mm百分表)或位移传感器测得。

(7) 反压力体变系统：由体变管和反压力稳定控制系统组成，以模拟土体的实际应力状态或提高试件的饱和度及测量试件的体积变化。

2. 附属设备

包括击实器、饱和器、切土盘、旋转式的切土器和切土架、分样器、承膜筒、制备砂样对开圆模。

1) 击实器

击实器供制备扰动试样用。将一定质量及含水量的土放入筒内，分层击实，使之达到规定的容重和尺寸，以备试验用。它由底板、套筒、套盖、导杆击锤、三瓣筒(同饱和器通用)等零件组成，如图 4.32 所示。

(1) 小号、中号击实器可用底板代替透水石，套盖代替上盖加上套筒，即可做击实筒用。试样制备时，应分层击实。

(2) 击实后，取试样时，必须沿轴同一方向依次推开三瓣筒，切勿向外扒开，以免试样破裂。

(3) 击实完成后，试样如需饱和，可按土样饱和方法进行饱和后，再取出试样。

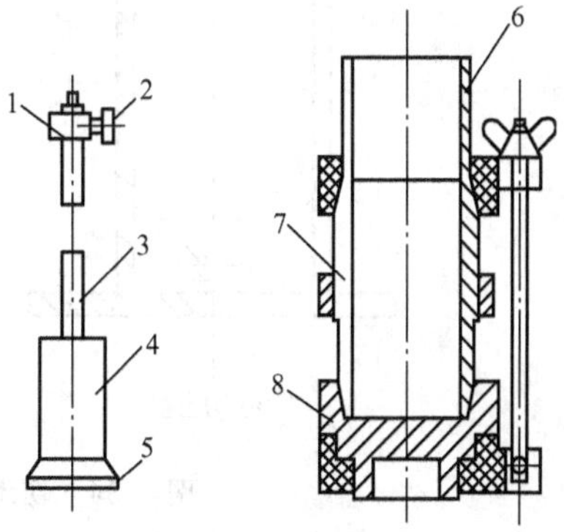

图 4.32 击实器
1—套环；2—定位螺丝；3—导杆；
4—击锤；5—底板；6—套筒；
7—击样筒；8—底座

2) 饱和器

三轴试验用的土试样大多数都是饱和土。试验时，将试样放入饱和器内，进行毛细管饱和和抽气饱和，它由上盖、底座、透水石和三瓣筒组成，如图 4.33 所示。

(1) 将切制成的试样放在三瓣筒中，套上套箍，切去上下多余的土，并在两端各放滤

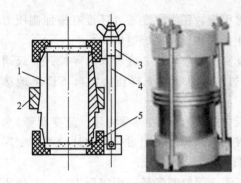

图 4.33　饱和器
1—圆模(3 片)；2—紧箍；3—夹板；
4—拉杆；5—透水板

纸一张，将土样筒放在底座中的透水石上，再将另一透水石放在桶上，装好尼龙上盖，旋紧碟形螺母，即可放入饱和设备中饱和。

（2）试样饱和后，松开套箍，用手沿轴线方向依次推动三瓣，即可取出土。

（3）三瓣筒上每片均打印号码。装时按号对拼，不要错拼或互换，其边缘处切勿碰伤，以免影响配合。

（4）使用完毕，擦洗干净，金属件涂油保护，透水石上的残土应洗刷干净。

（5）底座和上盖为尼龙材料，如拧紧拉杆，不可用力过大，以免损坏。

3）切土器和原状土分样器

切土器用于切制试样，它将试样沿切土器侧壁将土试样切成较为准确的一定尺寸的圆柱形，如图 4.34 所示。它有一切土边，可平行移动，能切制 $\phi 39.1$ 到 $\phi 101$ 直径的土样。

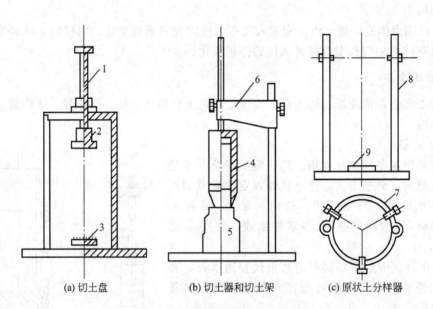

(a) 切土盘　　　(b) 切土器和切土架　　　(c) 原状土分样器

图 4.34　切土盘、切土器和切土架、原状土分样器
1—轴；2—上盘；3—下盘；4—切土器；5—土样；6—切土架；
7—钢丝架；8—滑杆；9—底盘

（1）切制试样时，用钢丝锯沿切土器侧边上下滑动，一边切一边转动座板，直至切成一均匀的圆柱形试样，然后将试样上下两端切平。

（2）座板、转座不用时钉子应清洗干净并涂以防锈油保护。

原状土分样器可将 $\phi 100$ 以上的原状土三等分，然后放在切土器上精切成 $\phi 39.1$ 的圆柱形，可供一组三轴试验。

4) 承膜筒

承膜筒是支撑橡皮膜以套在试样外的工具，筒壁上的气嘴用于抽气，如图4.35所示。

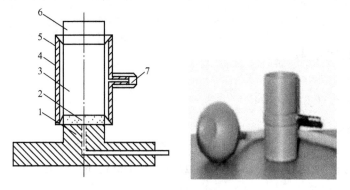

图 4.35 承膜筒
1—压力室底座；2—透水板；3—试样；4—承膜筒；
5—橡皮膜；6—上帽；7—吸气孔

（1）使用时橡皮膜放在筒内，两端翻转套在筒外，气嘴上套入橡皮管，然后用洗耳球吸出橡皮膜与筒壁之间的空气，使橡皮膜紧贴于筒壁上。

（2）将带橡皮膜的承膜筒套在试样上，放开橡皮膜两端翻转部分，使其与底座和加压帽紧固，再松开洗耳球，充入空气，然后取下承膜筒。

（3）使用中注意不可将气嘴碰断。

5) 对开膜

对开膜可装在压力室上制备砂土试样，其结构由两瓣半圆形模筒同紧箍箍紧，主要供装三轴试验的土样用，如图4.36所示。

（1）使用时，先将橡皮膜一端固定在压力试样座上，用螺钉压紧对开模，再将橡皮膜上端翻转在对开模上口，注意橡皮膜壁不能扭皱，然后吸出模壁与橡皮膜之间的空气，使橡皮膜紧贴于筒壁上，再按要求装入试样。

（2）试样制备过程中，为了控制容重，可以使用击实器的击锤分层击实，然后放上透水石和加压帽，并将橡皮膜固紧在加压帽上。

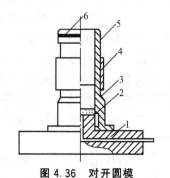

图 4.36 对开圆模
1—压力室底座；2—透水板；
3—试样圆模（两片合成）；4—紧箍；5—橡皮膜；6—橡皮圈

3. 橡胶膜

橡胶膜应具有弹性，厚度应小于橡皮膜直径的1/100（对直径39.1mm和61.8mm的试样，橡胶膜厚度以0.1~0.2mm为宜；对直径101mm的试样，橡胶膜厚度以0.2~0.3mm为宜），不得有漏气孔。

4. 天平和量表

（1）天平：称量200g，分度尺0.01g；称量1000g，分度尺0.1g；称量5000g，分度尺1g。

（2）量表：量程30mm，分度尺0.01mm。

5. 其他

钢丝锯、切土刀、烘箱、称量盒、干燥器、滤纸、游标卡尺、止水橡皮圈及活络扳手等工具。

4.5.4 试验操作步骤

1. 不固结不排水剪切试验

1)试样制备

试样尺寸应符合要求：试样高度 H 与直径 D 之比(H/D)应为 2.0～2.5，对于有裂隙、软弱面或构造面的试样，试样直径 D 为 39.1mm、61.8mm 和 101.0mm（宜采用101mm）。

制备三个以上圆柱形试样（原状或人工）。人工制备（制法见第 2 章）的扰动土或原状土的土样毛坯应大于试样的直径和高度，试样饱和按第 2 章有关方法。

(1) 原状土试样制备。

① 较软的土样。先用钢丝锯或削土刀切取一稍大于规定尺寸的土柱，将试样小心地放在旋转式的切土器内，用钢丝锯或切土刀紧靠侧板，由上往下细心切削，边转边削的切成所要求的圆柱形试样，试样两端应平整并垂直于试样轴。

对于直径为 10cm 的软粘土土样，可先用分样器分成 3 个土柱，然后再按上述的方法，切削成直径为 39.1mm 的试样。

② 较硬的土样。先用削土刀或钢丝锯切取一稍大于规定尺寸的土柱，上、下两端削平，按试样要求的层次方向，放在切土架上，用切土器切削，先在切土器刀口内壁涂上一薄层油，将切土器的刀口对准土样顶面，边削土边压切土器，直至切削到比要求的试样高度约高 2cm 为止，然后拆开切土器，将试样取出，按要求的高度将两面削平。试样的两端面应平整。互相平行，侧面垂直，上下均匀。

当试样侧面或端部有小石子或凹坑时，允许用削下的余土修整，试样切削时应避免扰动。

③ 砂性土。应先在压力室底座依次放上透水石、橡皮膜和对开圆模。将砂料填入对开圆模内，分三层按预定干密度击实。当制备饱和试样时，在对开圆模内注入纯水至1/3高度，将煮沸的砂料分三层填入，达到预定高度。放上不透水板、试样帽，扎紧橡皮膜。对试样内部施加 5kPa 负压力使试样能站立，拆除对开圆模。

④ 对制备好的试样，应量测其直径和高度。并同时取余土测定其密度和代表性含水量。

将切削好的试样称量，直径 101mm 的试样准确至 1g；直径 61.8mm 和 39.1mm 的试样准确至 0.1g。试样高度和直径用卡尺量测，试样的平均直径按下式计算：

$$D=\frac{D_1+2D_2+D_3}{4} \tag{4.33}$$

式中： D ——试样平均直径(mm)；
D_1、D_2、D_3 ——试样上、中、下部位的直径(mm)。

取切下的余土，平均测定含水量，取其平均值作为试样的含水量。对于同一组原状试样，密度的平行差值不宜大于 $0.03g/cm^3$，含水量平行差值不宜大于 2%。

对于特别坚硬的和很不均匀的土样，如不易切成平整、均匀的圆柱体时，允许切成与规定直径接近的柱体，按所需试样高度将上下两端削平，称取质量，然后包上橡皮膜，用浮称法称试样的质量，并换算出试样的体积和平均直径。

(2) 扰动土试样制备（击实法）。

① 根据要求的干密度称取所需土质量。选取一定数量的代表性土样（对直径 39.1mm 试样约取 2kg；61.8mm 和 101mm 试样分别取 10kg 和 20kg），经风干、碾碎、过筛，测定风干含水量，按要求的含水量算出所需加水量。

② 将需加的水量喷洒到土样上拌匀，稍静置后装入塑料袋，然后置于密闭容器内至少 20h，使含水量均匀，取出土料复测其含水量。测定的含水量与要求的含水量的差值应小于 $\pm1\%$，否则需调整含水量至符合要求为止。

③ 击样筒的内径应与试样直径相同，击锤的直径宜小于试样直径，也允许采用与试样直径相等的击锤。击样筒壁在使用前应洗擦干净，涂一薄层凡士林。

④ 按试样高度分层击实，粉质土分 3~5 层，粘质土分 5~8 层击实。各层土料质量相等。每层击实至要求高度后，将表面刨毛，然后再加第 2 层土料，如此继续进行，直至击完最后一层。

⑤ 将击样筒中的试样两端整平，取出称其质量，一组试样的密度差值应小于 $0.02g/cm^3$。

2) 试样安装

(1) 打开试样底座的开关，使量管里的水缓缓地流向底座，对压力室底座充水。拆开压力室的有机玻璃罩子，在底座上放置透水石和滤纸，待气泡排除后，将切好的试样小心地安放在试样底座上面（在之前应首先将压力室底座的透水石与管路系统及孔隙水测定装置充水饱和），关闭底座开关。

(2) 把透明的乳橡皮膜放入承膜筒，两端的橡皮膜翻出筒外，用吸气球（洗耳球）从吸气孔吸气，使橡皮膜贴紧筒壁，接着套在试样上，接着让气孔放气，使橡皮膜紧贴试样周围，再翻起橡皮膜两端，取出承膜筒。将橡皮膜分别与试样底座和试样帽用橡皮圈扎紧。

(3) 把土样装入压力室。若使用自动数据采集系统，则安装轴向位移传感器。

3) 测试

(1) 加压。装上压力室的有机玻璃罩，将活塞对准试样帽中心，均匀地旋紧螺帽（注意避免传压活塞杆碰坏试样，应先将活塞杆提起一定高度，然后轻轻接触试样帽中心），再将轴向测力计对准活塞。

(2) 排气充水。开排气孔，向压力室充水，当压力室内快注满水时，降低进水速度，水从排气孔溢出时，关闭排气孔。

(3) 在不排水条件下测定试件的孔隙水压力。

(4) 旋转手轮，同时转动活塞，当轴向测力计有微读数时表示活塞已与试样帽接触。然后将轴向测力计和轴向位移计的读数调整到零位。

(5) 关闭体变管阀及孔隙水压力阀，打开周围压力阀，施加所需的周围压力。

周围压力大小应与工程的实际荷载相适应，并尽可能使最大周围压力与土体的最大实际荷载大致相等。也可按 100kPa、200kPa、300kPa、400kPa 施加。周围压力大小根据土样埋深或应力历史来决定，若土样为正常压密状态，则土样的周围压力应在自重应力附近选择，不宜过大以免扰动土的结构。

（6）开动电动机，合上离合器，进行剪切。剪切应变速率宜为每分钟应变0.5%～1.0%。开始阶段，试样每产生轴向应变0.3%～0.4%时，测记轴向测力计和轴向位移计的读数各1次。当轴向应变达3%以后，读数间隔可延长为0.7%～0.8%各测记1次。当接近峰值时应加密读数。如果试样为特别硬脆或软弱的土，可酌情加密或减少测读的次数。

（7）当出现峰值后，再继续剪3%～5%轴向应变；若测力计读数无明显减少，则剪切至轴向应变达15%～20%。

（8）试验结束，关闭电动机，关闭周围压力阀，然后脱开离合器，倒转手轮，打开排气孔，排去受压室内的水，拆除压力室罩，拆除试样，揩干试样周围的余水，脱去试样外的橡皮膜，描述破坏后形状，称试样质量，测定试验含水量。

（9）对其余几个试验，在不同周围压力下以同样的剪切应变速率进行试验。

2. 固结不排水剪试验步骤

1) 试样安装

（1）打开孔隙水压力阀和量管阀，对孔隙水压力系统及压力室底座充水排气后，关闭孔隙水压力阀和量管阀。

（2）压力室底座上依次放上透水板、湿滤纸、试样、湿滤纸、透水板，试样周围贴浸水的滤纸条7～9条。

（3）将橡皮膜用承膜筒套在试样外，并用橡皮圈将橡皮膜下端与底座扎紧。

（4）打开孔隙水压力阀和量管阀，使水缓慢地从试样底部流入，排除试样与橡皮膜之间的气泡，关闭孔隙水压力阀和量管阀。

（5）打开排水阀，使试样帽中充水，放在透水板上，用橡皮圈将橡皮膜土端与试样帽扎紧，降低排水管，使管内水面位于试样中心以下20～40cm，吸除试样与橡皮膜之间的余水，关闭排水阀。

（6）需要测定土的应力-应变关系时，应在试样与透水板之间放置中间夹有硅脂的两层圆形橡皮膜，膜中间应留有直径为1cm的圆孔排水。

（7）压力室罩安装、充水及测力计调整应按不固结不排水的步骤进行。

2) 试样排水固结

（1）调节排水管使管内水面与试样高度的中心齐平，测记排水管水面读数。

（2）打开孔隙水压力阀，使孔隙水压力等于大气压力，关闭孔隙水压力阀，记下初始读数。

（3）将孔隙水压力调至接近周围压力值，施加周围压力后，再打开孔隙水压力阀，待孔隙水压力稳定测定孔隙水压力。

（4）打开排水阀。固结完成后，关闭排水阀，测记孔隙水压力和排水管水面读数。

（5）微调压力机升降台，使活塞与试样接触，此时轴向变形指示计的变化值为试样固结时的高度变化。

3) 试样剪切

（1）剪切应变速率粘土宜为每分钟应变0.05%～0.1%，粉土为每分钟应变0.1%～0.5%。

（2）将测力计、轴向变形指示计及孔隙水压力读数均调整至零。

(3) 启动电动机,合上离合器,开始剪切。测力计、轴向变形、孔隙水压力应按不固结不排水中的步骤进行测记。

(4) 试验结束,关闭电动机,关闭各阀门,脱开离合器+将离合器调至粗位,转动粗调手轮,将压力室降下,打开排气孔,排除压力室内的水,拆卸压力室罩,拆除试样,描述试样破坏形状,称试样质量,并测定试样含水率。

4) 计算

(1) 试样固结后的高度:

$$h_c = h_0 \left(1 - \frac{\Delta V}{V_0}\right)^{1/3} \tag{4.34}$$

式中:h_c——试样固结后的高度(cm);
ΔV——试样固结后与固结前的体积变化(cm^3)。

(2) 试样固结后的面积:

$$A_c = A_0 \left(1 - \frac{\Delta V}{V_0}\right)^{2/3} \tag{4.35}$$

式中:A_c——试样固结后的断面积(cm^2)。

(3) 试样面积的校正:

$$A_a = \frac{A_0}{1 - \varepsilon_1} \tag{4.36}$$

式中:ε_1——轴向应变,$\varepsilon_1 = \frac{\Delta h_1}{h_0} \times 100(\%)$;
Δh_1——剪切过程中试样的高度变化(mm);
h_0——试样初始高度(mm)。

(4) 主应力差:按不固结不排水试验中给出的公式计算。

(5) 有效主应力比:

① 有效大主应力:

$$\sigma_1' = \sigma_1 - u \tag{4.37}$$

式中:σ_1'——有效大主应力(kPa);
u——孔隙水压力(kPa)。

② 有效小主应力:

$$\sigma_3' = \sigma_3 - u \tag{4.38}$$

式中:σ_3'——有效大主应力(kPa)。

③ 有效主应力比:

$$\frac{\sigma_1'}{\sigma_3'} = 1 + \frac{\sigma_1' - \sigma_3'}{\sigma_3'} \tag{4.39}$$

(6) 孔隙水压力系数:

① 初始孔隙水压力系数:

$$B = \frac{u_0}{\sigma_3} \tag{4.40}$$

式中:B——初始孔隙水压力系数;
u_0——施加周围压力产生的孔隙水压力(kPa)。

② 破坏时孔隙水压力系数:

$$A_f = \frac{u_f}{B(\sigma_1 - \sigma_3)} \tag{4.41}$$

式中：A_f——破坏时的孔隙水压力系数；

u_f——试样破坏时，主应力差产生的孔隙水压力(kPa)。

5) 绘图

主应力差与轴向应变关系曲线，应按不固结不排水中的规定绘制。

(1) 以有效应力比为纵坐标，轴向应变为横坐标，绘制有效应力比与轴向应变曲线（图 4.37）。

(2) 以孔隙水压力为纵坐标，轴向应变为横坐标，绘制孔隙水压力与轴向应变关系曲线（图 4.38）。

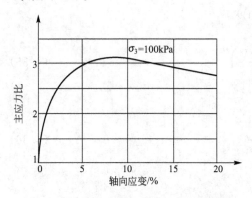 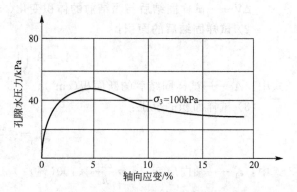

图 4.37 有效应力比与轴向应变关系曲线　　图 4.38 孔隙水压力与轴向应变关系曲线

(3) 以 $(\sigma_1' - \sigma_3')/2$ 为纵坐标，$(\sigma_1' + \sigma_3')/2$ 为横坐标，绘制有效应力路径曲线（图 4.39），并计算有效内摩擦角和有效粘聚力。

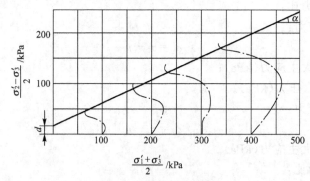

图 4.39 应力路径曲线

① 有效内摩擦角：

$$\phi' = \sin^{-1} \tan\alpha \tag{4.42}$$

式中：ϕ'——有效内摩擦角(°)；

α——应力路径图上破坏点连线的倾角(°)。

② 有效粘聚力：

$$c' = \frac{d}{\cos\phi'} \tag{4.43}$$

式中：c'——有效粘聚力(kPa)；

d——应力路径上破坏点连线在纵轴上的截距(kPa)。

(4) 以主应力差或有效主应力比的峰值作为破坏点,无峰值时,以有效应力路径的密集点或轴向应变 15% 时的主应力差值为破坏点,按固结不排水中的规定绘制破损应力圆及不同围压力下的破损应力圆包线,并求出总应力强度参数;有效内摩擦角和有效粘聚力应由以 $\dfrac{\sigma_1' + \sigma_3'}{2}$ 为圆心,$\dfrac{\sigma_1' - \sigma_3'}{2}$ 为半径绘制的有效破损应力圆确定(图 4.40)。

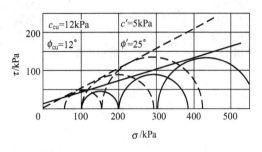

图 4.40　固结不排水剪强度包线

3. 固结排水剪试验

1) 试样的安装、固结、剪切

应按固结不排水中的步骤进行,但在剪切过程中应打开排水阀。剪切速率采用每分钟应变 0.003%～0.012%。

2) 计算

(1) 试样固结后的高度、面积计算,应按固结不排水给出的公式进行。

(2) 剪切时试样面积的校正:

$$A_a = \frac{V_c - \Delta V_i}{h_c - \Delta h_i} \tag{4.44}$$

式中:ΔV_i——剪切过程中试样的体积变化(cm³);

Δh_i——剪切过程中试样的高度变化(cm)。

(3) 主应力差、有效应力比及孔隙水压力系数,按不固结不排水中给出公式进行计算。

3) 绘图

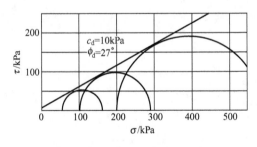

图 4.41　固结排水剪强度包线

(1) 主应力差与轴向应变关系曲线,应按不固结不排水中的规定绘制。

(2) 主应力比与轴向应变关系曲线,应按不固结不排水中的规定绘制。

(3) 以体积应变为纵坐标,轴向应变为横坐标,绘制体应变与轴向应变关系曲线。

(4) 破损应力圆、有效内摩擦角和有效粘聚力,应按固结不排水试验中的步骤绘制和确定(图 4.41)。

4.5.5　试验数据记录与成果整理

1. 试验数据记录

试验数据可按表 4.8 的格式记录。

表 4.8　三轴剪力试验记录(不固结不排水剪)

工程名称_____ 试验者_____
钻孔编号_____ 计算者_____
试验日期_____ 校核者_____
周围压力 σ_3：_____ kPa 剪切应变速率：_____ mm/min 测力计率定系数 C：_____ N/0.01mm

轴向应变读数	轴向应变	试样校正面积	测力计表读数	主应力差	大主应力	摩尔圆半径	摩尔圆圆心
0.01mm	%	cm²	0.01mm	kPa	kPa	kPa	kPa
Δh	$\varepsilon=\dfrac{\Delta h}{h_0}$	$A_a=\dfrac{A_0}{1-\varepsilon}$	R	$\sigma_1-\sigma_3=\dfrac{CR}{A_a}\times 10$	$\sigma_1=(\sigma_1-\sigma_3)+\sigma_3$	$\dfrac{\sigma_1-\sigma_3}{2}$	$\dfrac{\sigma_1+\sigma_3}{2}$

2. 计算

(1) 轴向应变：

$$\varepsilon_1=\frac{\Delta h_1}{h_0}\times 100\% \tag{4.45}$$

式中：ε_1——轴向应变(%)；
Δh_1——试样剪切时高度变化(mm)；
h_0——试样初始高度(mm)。

(2) 试样面积的校正：

$$A_a=\frac{A_0}{1-\varepsilon_1} \tag{4.46}$$

式中：A_a——试样的校正断面积(cm²)；
A_0——试样的初始断面积(cm²)。

(3) 主应力差($\sigma_1-\sigma_3$)：

$$\sigma_1-\sigma_3=\frac{CR}{A_a}\times 10 \tag{4.47}$$

式中：$\sigma_1-\sigma_3$——主应力差(kPa)；
σ_1——大主应力(kPa)；
σ_3——小主应力(kPa)；
C——测力计率定系数(N/0.01mm)；
R——测力计读数(0.01mm)；
10——单位换算系数。

(4) 破坏时有效主应力：

$$\bar{\sigma}_{3f}=\sigma_3-u_f \tag{4.48}$$

$$\bar{\sigma}_{1f}=\sigma_{1f}-u_f=(\sigma_1-\sigma_3)_f+\bar{\sigma}_3 \tag{4.49}$$

式中：$\bar{\sigma}_{1f}$、$\bar{\sigma}_{3f}$——破坏时有效主应力和有效小主应力(kPa)；
σ_1、σ_3——大主应力和小主应力(kPa)；

u_f——破坏时孔隙水压力(kPa)。

(5) 计算孔隙水压力系数：

① 初始孔隙水压力系数：

$$B = \frac{u_i}{\sigma_{3i}} \tag{4.50}$$

式中：u——施加周围压力产生的孔隙水压力(kPa)。

② 破坏时孔隙水压力系数：

$$A = \frac{u_f}{B(\sigma_{1f} - \sigma_{3i})} \tag{4.51}$$

式中：u_f——试样破坏时，主应力差产生的孔隙水压力(kPa)。

3. 绘图

(1) 以主应力差为纵坐标，轴向应变为横坐标，绘制以主应力差与轴向应变关系曲线(图4.42)。取曲线上主应力差的峰值作为破坏点，无峰值时，取15%轴向应变的主应力差值作为破坏点。

(2) 以法向应力 σ 为横坐标，剪应力 τ 为纵坐标，在横坐标上以 $\frac{\sigma_{1f} + \sigma_{3f}}{2}$ 为圆心，以 $\frac{\sigma_{1f} - \sigma_{3f}}{2}$ 为半径（脚标 f 表示破坏时的值），绘制破坏总应力圆后，作诸圆包线。该包线的倾角为内摩擦角 ϕ_u，包线在纵坐标上的截距为内聚力 c_u，如图4.43所示。

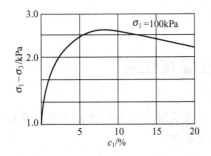

图 4.42 主应力差与轴向应变关系曲线

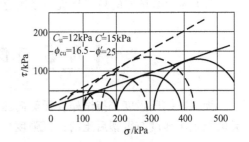

图 4.43 剪强度包线

4.5.6 试验注意事项

反压力应分级施加，并同时分级施加周围压力，以尽量减少对试样的扰动。在施加反压力过程中，始终保持周围压力比反压力大20kPa。反压力和周围压力的每级增量软粘土取30kPa，对坚实的土或初始饱和度较低的土，取50~70kPa。

操作时，先调周围压力至50kPa，并将反压力系统调至30kPa，同时打开周围压力阀和反压力阀，再缓缓打开孔隙压力阀，待孔隙压力稳定后，测记孔隙压力计和体变管读数，再施加下一级的周围压力和反压力。

通常的饱和软粘土在不固结不排水条件下的莫尔强度包络线几乎呈水平线，而对于非饱和或超压密地基土的莫尔强度包络线符合摩尔-库仑破坏准则 $\tau_f = \sigma \tan\phi + c$。对于饱和软

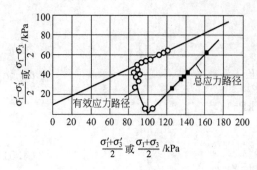

图 4.44 应力路径曲线

土、人工吹填土，或是灵敏度较高的粘土类土，由于人为扰动因素和施加较大周围压力（超过先期固结压力很多时）将会降低土的强度指标，为此，在试验时需特别注意。

固结不排水试验法（CU）试验中，若各应力圆无规律，难以绘制各应力圆强度包线，可按应力路径取值，即以 $\dfrac{\sigma'_{1f}-\sigma'_{3f}}{2}$ 为纵坐标，以 $\dfrac{\sigma'_{1f}+\sigma'_{3f}}{2}$ 为横坐标，绘制有效应力路径曲线（图 4.44）。

4.5.7 分析思考题

（1）三轴试验中，怎么确定是否要采用 UU、CD、CU 试验方法？

（2）UU、CD、CU 试验过程中的围压大小怎么确定？

（3）三轴试验破坏取值标准如何确定？

（4）试述正常固结粘土在 UU、CU 和 CD 三种试验中的应力-应变、孔隙水应力-应变（或体积变化-应变）和强度特性。

（5）试样在固结后和剪切过程中面积会减小或增大，是否需要修正？

（6）为什么试样的高度与直径之比应为 2.0～2.5？

4.6 无侧限抗压强度试验

无侧限抗压强度是指试样在无侧向压力条件下，抵抗轴向压力的极限强度。原状土的无侧限抗压强度与重塑后土的抗压强度之比为土的灵敏度。

4.6.1 试验目的与原理

无侧限抗压试验是三轴压缩试验的一个特例，即周围压力 $\sigma_3=0$ 的三轴试验，又称单轴试验。一般用于测定饱和软粘土的无侧限抗压强度及灵敏度。

试验中将试样置于不受侧向限制（无侧向压力）的条件下进行的强度试验，此时试样小主应力为零，而大主应力（轴向压力）的极限值为无侧限抗压极限强度。由于试样侧面不受限制，这样求得的抗剪强度值比常规三轴不排水抗剪强度值略小。

4.6.2 试验方法和适用范围

采用应变控制法。一般情况下适用于饱和软粘土。

4.6.3 仪器设备构造和使用方法

(1) 应变控制式无侧限压缩仪：由量力环、加压框架、升降设备组成，如图4.45所示。

(2) 轴向位移计：量程10mm，精度0.01mm的百分表或准确度为全量程0.2%的位移传感器。

(3) 其他：量表、切土盘、重塑筒、天平（称量500g，精度0.1g）、卡尺、钢丝锯、削土刀等。

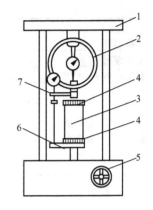

图4.45 应变控制式无侧限压缩仪示意

1—轴向加压架；2—轴向量力环；3—试样；4—上、下传压板；5—手轮或电动转轮；6—升降板；7—轴向位移计

4.6.4 试验操作步骤

(1) 试样制备：按三轴试验中原状试样制备进行，允许最大粒径为试样直径的1/10。试样直径可采用3.5～4.0cm，试样高度与直径之比按土样的软硬情况采用2.0～2.5。

(2) 将切好的试样立即称重，并用卡尺测试件的上、中、下直径高度。另取其余土测定试样含水率。按下式计算平均直径：

$$D_0 = \frac{D_上 + 2D_中 + D_下}{4} \tag{4.52}$$

式中：$D_上$、$D_中$、$D_下$——土样上、中、下各部直径(cm)。

(3) 安装试样：将试样两端抹一层凡士林，在气候干燥时，试样周围也需抹一薄层凡士林，防止水分蒸发。将试样放在底座上，转动手轮，使底座缓慢上升，试样与传压板刚好接触（量力环量表微动），将量力环量表调零。

(4) 测记读数：以每分钟轴向应变为1%～3%的速度(5s/r)转动手轮，使升降设备上升而进行试验。每隔一定应变（手轮每转两转），测记量力环读数，试验宜在8～10min内完成。当量力环读数出现峰值时，继续进行3%～5%的应变后停止试验；当读数无峰值时，试验进行到应变达20%为止。

(5) 重塑试验：当需要测定灵敏度时，应立即将破坏后的试样除去涂有凡士林的表面，加少许余土，包于塑料薄膜内用手搓捏，破坏其结构，放入重塑筒内定型，用金属垫板将试样塑成与原状土样相同（尺寸、密度等），然后按上述步骤进行试验。

(6) 试验结束后，迅速反转手轮，取下试样，描述破坏后的试样形状。

4.6.5 试验数据记录与成果整理

1. 试验记录

试验数据可按表4.9的格式进行记录。

2. 计算

(1) 轴向应变：

表 4.9　无侧限抗压强度试验记录表

工程名称_____　　土样面积 $A_0=$_____ cm²　　试验者_____
土样编号_____　　土样直径 $D_0=$_____ mm　　计算者_____
起始高度 $h_0=$_____ mm　　测力计率定系数 $C=$_____ N/0.01m　　试验日期_____

土状	竖向量表读数 /mm	测力计读数 R /mm	轴向变形 Δh/mm	轴向应变 ε_1 /%	校正后面积 A_a /cm²	轴向荷重 P /N	无侧限抗压强度 $q_u(q_u')$ /kPa	灵敏度
	①	②	③	$\dfrac{\Delta h}{h_0}$	$\dfrac{A_0}{1-0.01\varepsilon_1}$	$C\times$②	$\dfrac{P}{(A_a)}\times 10$	$S_t=\dfrac{q_u}{q_u'}$
原状土								
重塑土								

$$\varepsilon_1=\frac{\Delta h}{h_0}\times 100\% \tag{4.53}$$

式中：ε_1——轴向应变(%)；
　　　h_0——试样起始高度(mm)；
　　　Δh——轴向变形(mm)，$\Delta h=n\times\Delta L-R$；
　　　n——手轮转数；
　　　ΔL——手轮每转一周，下加压板上升高度(为 0.2mm)(mm)；
　　　R——量力环量表读数(mm)。

（2）试样面积校正：

$$A_a=\frac{A_0}{1-\varepsilon_1} \tag{4.54}$$

式中：A_a——校正后试样面积(cm²)；
　　　A_0——试样初始面积(cm²)。

（3）试样所受的轴向应力：

$$\sigma=\frac{C\cdot R}{A_a}\times 10 \tag{4.55}$$

式中：σ——轴向应力(kPa)；
　　　C——量力环率定系数(N/0.01mm)；
　　　R——量力环量表读数(0.01mm)；
　　　10——单位换算系数。

（4）灵敏度：

$$S_t=\frac{q_u}{q_u'} \tag{4.56}$$

式中：q_u——原状试样的无侧限抗压强度(kPa)；
　　　q_u'——重塑试样的无侧限抗压强度(kPa)。

3. 绘图

以轴向应变 ε 为横坐标，轴向应力 σ 为纵坐标，绘制 σ-ε 关系曲线，如图 4.46 所示。

取曲线上最大轴向应力作为无侧限抗压强度 q_u；当曲线上峰值不明显时，取轴向应变 15% 所对应的轴向应力作为 q_u。

4.6.6 试验注意事项

(1) 测定无侧限抗压强度时，要求在试验过程中含水量保持不变。

(2) 破坏标准：①量表读数不再增大，三个以上读数不变；②量表读数后退；③如该读数无稳定值，则试验应进行到轴向应变达 20% 为止。

在试验中如果不具有峰值及稳定值，选取破坏值时按应变 15% 所对应的轴向应力为抗压强度。

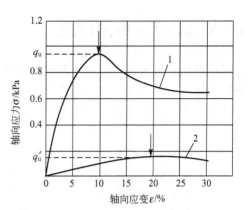

图 4.46 σ-ε 关系曲线
1—原状试样；2—重塑试样

(3) 需要测定灵敏度，重塑试样的试验应使用破坏后的试样立即进行。

4.6.7 分析思考题

(1) 试验中为什么要控制剪切时间和应变速率？
(2) 为什么重塑土样要立即进行试验？
(3) 试样的高度和直径之比会影响无侧限抗压强度试验值吗？
(4) 为什么要减少试样与加压板之间的摩擦力？如何减少？
(5) 试样受压破坏时如何确定破坏值？

4.7 荷载试验

4.7.1 试验目的与原理

荷载试验是工程地质勘察工作中在原位条件下，向真型或缩尺模型基础加荷，并观测地基(或基础)随时间而发展的变形及破坏现象的一项基本的原位测试方法。

该试验的作用：

(1) 是确定天然地基、复合地基、桩基础承载力和变形特性参数的综合性测试手段。

(2) 是确定某些特殊性土特征指标的有效方法。

(3) 估算土的不排水抗剪强度及极限填土高度。

(4) 是一些原位测试手段(如动力触探、静力触探、标准贯入试验等)用以比照的基本方法。

4.7.2 试验方法和适用范围

荷载试验是用一定面积的承载板向地基施加竖向荷载，观察地基变形和破坏现象的。由于荷载试验时力的作用方式及建筑物基础底面作用与地基相似，试验成果具有较好的可比性，故在工程实践中得到广泛应用。荷载试验的最大缺点是周期长、费用高。

荷载试验的方法分类如下。

（1）按加荷性质可分为动力荷载试验和静力荷载试验。

（2）按承载板形式可分为平板荷载试验、螺旋板荷载试验等。

（3）按试验深度分为试坑荷载试验和钻孔荷载试验。

平板荷载试验适用于地表浅层地基，特别适用于各种填土、含碎石的土类。由于试验比较直观、简单，本试验采用平板荷载试验。此方法也有如下一些局限性。

（1）平板荷载试验的影响深度范围不超过两倍承压板宽度（或直径），故只能了解地表浅层地基土的特性。

（2）承压板的尺寸比实际基础小，在刚性板边缘产生塑性区的开展，更易造成地基的破坏，使预估的承载力偏低。试验是在地表进行的，没有埋置深度所存在的超载，也会降低承载力。

（3）试验的加荷速率较实际工程快得多，对透水性较差的软粘土，其变形状况与实际有较大的差异，由此确定的参数也有大的差异。

（4）尺寸刚性承压板下土中的应力状态极其复杂，由此推求的变形模量只能是近似的。

一般要求荷载施加在半无限空间的表面，即承压板埋没深度为零。如在开挖基坑底部进行试验时，称为试坑平板荷载试验。先开挖试坑（坑深一般小于 5m，坑底尺寸不小于 3 倍承压板直径或边长），使试验满足半空间表面受荷边界条件的要求，如图 4.47 所示。

用不超过 20mm 厚的粗砂或中砂整平试坑（软土时可在土层上铺厚度大于 10cm 的碎石垫层），放上承压板，向板上逐级加载，观察记录各级荷载 p 作用下承压板的沉降量 s 随时间 t 的变化，如图 4.48 所示。

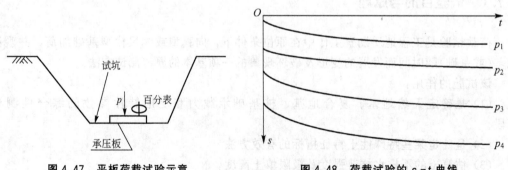

图 4.47　平板荷载试验示意　　　　图 4.48　荷载试验的 $s-t$ 曲线

一般在每一级荷载作用下沉降稳定后施加下一级荷载，至某级荷载作用下沉降量随时间不断增长而不能稳定为止。由 p 和对应的 s 值作出荷载-沉降关系曲线（如图 4.49 中的

$p-s$ 曲线)。该曲线综合反映了承压板下一定深度范围内土的强度和变形特性,其中 Oa 段表示土体处于弹性变形阶段,ab 段处于塑性变形阶段,a 点为临塑点(或屈服点),b 点为极限点(或破坏点)。当 $p > p_u$ 时,认为地基发生破坏。

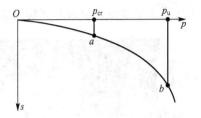

图 4.49 荷载试验的 $p-s$ 曲线

4.7.3 仪器设备构造和使用方法

1. 承压板

钢质加肋承压板,厚度不小于 20mm,面积不小于 $0.1m^2$(实验室由于加荷条件有限,采用直径为 30cm 的圆板)。承压板的面积越大越接近工程实际,但面积越大需要加载量越大,试验难度和成本越高,常用承压板尺寸见表 4.10。

表 4.10 常用承压板面积

承压板面积/cm³	方形板边长/cm	圆形板直径/cm
1000	31.6	35.3
2500	50.0	56.4
5000	70.7	79.8
10000	100.0	112.8

承压板尺寸应根据土体情况选用。松软土、上硬下软土层宜用较大尺寸,坚硬土、上软下硬土层可采用较小尺寸。一般可参照下面经验值选用。

(1) 对于一般粘土地基,$0.25 \sim 0.5m^2$。
(2) 对碎石类土地基,承压板直径(或宽度)为最大碎石直径的 $10 \sim 20$ 倍。
(3) 对岩石类或密实沙土可以取 $0.1m^2$。

2. 加载设备

(1) 以重物为荷载源,如图 4.50 所示,由反力荷载和液压千斤顶组成,设备易制作,加载方法多样,是中小吨位荷载试验的首选。

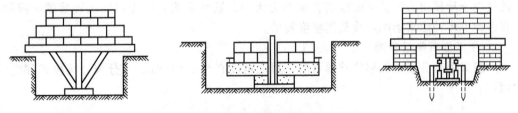

图 4.50 重物加载方法示意

① 反力荷载:由砂袋、水箱、钢锭、混凝土块等提供,为千斤顶提供反力,如图 4.51 所示。重物的质量应大于 1.2 倍最大荷载值(荷载重心与千斤顶轴线重合,当有较大偏差时,要求大于 1.5 倍最大荷载)。

② 液压千斤顶:手动或电动液压千斤顶,向承压板施加轴向压力,如图 4.52 所示。

千斤顶油压表量程应符合试验最大荷载的要求。

图4.51 反压重物现场　　　　　图4.52 千斤顶加压现场

（2）以反力锚为荷载源，如图4.53所示。由反力架和锚杆或抗拔桩组成，多用于大吨位的荷载试验。

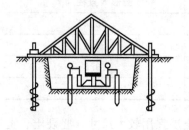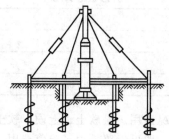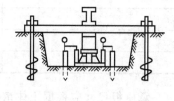

图4.53 反力锚加载方法示意

3. 量测设备

1）承压板受力量测

（1）力传感器法：在千斤顶与反力梁间加入力传感器，由传感器量测竖向力。这种方法得到的精度是很高。

（2）压力表法：通过与千斤顶的油腔相连的液压表量测油压大小，由率定曲线上压力表读数与千斤顶出力的关系曲线查得轴向力大小。这种量测方法受到液压表精度的限制，且有摩擦等多种因素影响，故量测精度较低。

2）承压板沉降量量测

一般采用百分表或位移传感器量测，理论精度高于0.01mm。百分表分机械式和电测式两种。

4.7.4 试验操作步骤

1. 准备工作

应充分了解试验目的、任务、现场情况等，并对仪器设备进行熟悉和标定。

(1) 熟悉试验点工作环境：了解试验期间的气候、交通条件，掌握土层、地下水情况。

(2) 确定试验压力：确定试验时承压板的最大压力，计算出理论最大荷载和实际应准备的最大荷载。

(3) 制定详细的试验计划：各项工作的方式和时间安排，出现各种不利情况时相应的处理措施和处理需要的时间。

(4) 试验场地平整：在试验高程整理出试验所需场地，同时根据需要埋设地下测量仪器。

2. 设备安装

(1) 设备进场：检验所有量测设备后，包装并运进试验现场，对易损设备应有备用件。

(2) 设备安装：安装加载板、反力架、千斤顶、锚桩等加载设备，后安装力传感器、位移量测传感器等。

设备安装可以参照图4.54所示，应自下而上进行。试验点地基应尽量平整，若不平，一般可以铺1~2cm的中粗砂。

3. 加载

(1) 加载方式：有慢速法、快速法和等沉降速率法。本试验采用快速法。

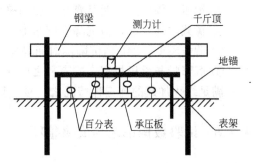

图4.54　加载设备安装示意

(2) 加载等级：荷载应按等量分级施加，第一级荷载（包括设备重）宜接近开挖浅试坑所卸除的土重，与其相应的沉降量不计；其后每级荷载增量，对较松软的土可采用10~25kPa，对较硬密的土则用50~100kPa；最后一级荷载是判定承载力的关键，应细分二级加荷，以提高结果的精确度，加荷等级不应少于8级。每级荷载增量应取试验土层预估极限荷载的1/8~1/10，当不易预估时，可参考表4.11选用。

表4.11　荷载增量参考值

试验土层特征	每级荷载增量/kPa
软塑粘土；稍密砂土	15~25
可塑~硬塑粘性土、粉土；中密砂土	25~50
坚硬粘性土、粉土；密实砂土	50~100

(3) 分级加载：分级施加竖直荷载，竖直荷载要求作用于承载板形心，从而使承载板下基底压力为均布力。最大加载量不应少于荷载设计值的两倍。

(4) 测量每级荷载作用下承载板的沉降量和其他测量参数。沉降量量测一般在荷载加上后30min、1h、2h、3h等时刻量测，直到在该级荷载作用下沉降稳定（当连续两小时内，每小时的沉降量小于0.1mm），施加下一级荷载。

(5) 当地基发生破坏或达到设计试验最大荷载时，停止加载，试验结束。及时撤除反力荷载，将不能防水的仪器设备搬至室内。

4. 试验技术要求

（1）标准：《岩土工程勘察规范》（GB 50021—2009）、《建筑地基基础设计规范》（GB 50007—2011）、《土工试验规程》（SL 237—1999）、交通运输部《公路工程地质勘察规范》（JTG C20—2011）、中国有色金属工业协会《岩土静力载荷试验规程》（YS 5218—2000)等规范。

（2）沉降稳定标准：施加每一级荷载后都要按一定的时间间隔记录沉降读数，开始应5～15min读数一次，1h后可放宽到30～60min读一次，当连续2h观测沉降量不大于0.1mm/h时，可以认为该级已基本稳定，可加下一级荷载（由于学生试验时间有限，每一级加荷以固定时间为准）。

（3）试验终止条件：一般以地基破坏或达到设计试验最大荷载为试验终止条件。地基破坏具体可按如下现象进行判断：

① 承压板周围土体明显隆起、侧向挤出或出现破坏性裂纹。
② 荷载增加不多，但沉降急剧增加。
③ 荷载不变，24h内沉降随时间等速或加速发展。
④ 沉降量与承压板宽度或直径之比（s/b）大于或等于0.06。

满足终止加载的前三种情况之一时，其对应的前一级荷载定为极限荷载 p_u。

4.7.5 试验数据记录与成果整理

1. 记录

试验数据可按表4.12的格式进行记录。

表4.12 静载荷试验记录表

工程名称：_____　　　　试验者：_____
送检单位：_____　　　　计算者：_____
土样编号：_____　　　　校核者：_____
试验日期：_____　　　　试验说明：_____

日期 /(月 日)	总荷重 /kN	压力 /kPa	观测时间 /(时 分)	相邻观测点 时间间隔 /分	沉降观测值 /mm	各级压力稳定沉降量 /mm	稳定沉降量校正值 /mm

观测数据校正：荷载试验过程中由于干扰（设备荷载引起的沉降未量测、试验区土面不平整、电测传感器的温漂等），使测量的沉降值与真实沉降量存在一定差异。通过校正，使 p-s 曲线通过原点，并使曲线称为与观测数据点最接近的光滑曲线。

2. 绘图

根据荷载试验沉降观测原始记录，绘制 p-s 曲线图，如图4.55所示。

典型的 p-s 曲线分为三段。

Ⅰ直线变形阶段：当压力低于临塑压力 p_{cr}（也称比例界限压力），土体以压缩变形为主，p-s 成直线关系。

Ⅱ剪切阶段：当压力超过临塑压力 p_{cr} 而低于极限压力 p_u，土体压缩变形所占比例逐渐减小而剪切变形逐渐增加，p-s 由直线变为曲线关系。

Ⅲ破坏阶段：当压力大于极限压力 p_u，沉降急剧增大。

试验过程中应及时绘制沉降时间过程线和荷载与沉降的关系曲线，以便及时发现试验过程中可能出现的异常情况和地基可能出现的破坏情况，以保证试验的正确性和安全性。

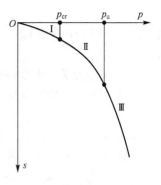

图 4.55 典型的 p-s 曲线

3. 确定地基土的承载力

(1) 拐点法：如果 p-s 曲线图上第一拐点（直线段的终点）明显，直接确定该拐点为 p_{cr}，并取该压力为地基土的承载力特征值。

(2) 相对沉降法：若 p-s 曲线没有明显拐点，可取对应某一沉降量值（即 S/b，b 为承压板直径或边长）的压力为地基承载力特征值，但其值不应大于最大加载量的一半。一般 s/b 取 $0.01\sim0.015$。

(3) 极限荷载法：先确定 p_u（当满足试验终止条件前三条中的任一条时，则对应的前一级荷载即可判定为 p_u），当 p_u 小于对应的 p_{cr} 的 2 倍时，取此压力 p_u 的一半为地基承载力特征值。

4. 计算变形模量

按下式计算地基变形模量（对于圆板）：

$$E_0 = 0.79pb(1-\mu^2)/s \qquad (4.57)$$

式中：E_0——地基土的变形模量(kPa)；
p——直线变形阶段上的荷载强度 (kPa)；
b——承压板直径或边长(mm)；
s——荷载强度 p 所对应的沉降量(mm)；
μ——泊松比（碎石土取 0.25，砂土取 0.3，粘土取 0.4）。

5. 估算地基土的不排水抗剪强度

用快速荷载试验（相当于不排水条件）所得的极限荷载 p_u，可估算饱和粘性土($\tau_f=c$)的不排水抗剪强度。

$$\tau_f = \frac{p_u - p_0}{N_c} \qquad (4.58)$$

式中：p_0——承压板周边外的超载或土的自重应力(kPa)；
N_c——对方形或圆形承压板，当周边无超载时，$N_c=6.15$；当承压板埋深大于或等于 4 倍板径或边长时，$N_c=9.25$；当承压板埋深小于 4 倍板径或边长时，N_c 由线性内插确定。

4.7.6　试验注意事项

(1) 仪器安装一定要仔细，千斤顶、测力计、承压板等一定要在一条轴线上。
(2) 加压时一定要均匀，避免用力过猛。加压过程中要随时观察，有无倾斜过大、地锚拔出等现象。
(3) 不要超负荷加压，以免损坏仪器。有问题应及时找指导老师解决。
(4) 注意试验过程中的安全。

同一土层参加统计的试验点不应少于三点，各试验实测值的极差不得超过其平均值的30%，取此平均值作为该土层的地基承载力特征值 f_{ak}。

4.7.7　分析思考题

(1) 何谓原位试验？
(2) 按原位试验确定地基的承载力时可分为哪几种？

第5章
工程试验综合训练

高等学校试验课教学内容的优化与创新一直是教学改革的重要组成部分，而综合性、设计性和研究创新性试验的开设是优化和整合试验教学内容的重要途径，是培养学生综合能力、实践能力及创新能力的主要方式。

1. 综合性试验

关于综合性试验的定义，目前还没有一个统一和权威的说法，专家和学者对此各有不同的观点和意见。教育部颁发的高等学校教学工作水平评估方案把综合性试验解释为"试验内容涉及本课程的综合知识或与本课程相关课程知识的试验"。根据这个定义，综合性试验是试验内容的综合。

通过综合试验，使学生深入了解岩土材料的工程特性，掌握土的力学特性，理解岩土工程实际问题，并培养学生进行科学试验的能力和严谨求实的科学态度。通过分析试验结果及其影响因素巩固和丰富学生的理论知识，提高其分析实际工程问题和解决问题的能力。

(1) 试验内容的综合性：试验内容的综合性是综合性试验的重要特征，旨在培养学生对知识的综合能力和对综合知识的应用能力。对基础课而言，试验内容一般为本课程知识的综合或系列课程知识的综合，而专业课则常常涉及相关课程或多门课程知识的综合，即能将一门课程中两个及两个以上的知识点有机结合，或者能将两门或两门以上课程的知识点有机结合的试验可认定为综合性试验。

(2) 试验方法的多元性：即在同一个试验中综合运用两种或两种以上的基本试验方法，培养学生运用不同的思维方式和不同的试验方法综合分析问题、解决问题的能力，此类试验可根据各学科的具体情况视为综合性试验。

(3) 试验手段的多样性：综合运用两种或两种以上的试验手段完成同一个试验，培养学生从不同的角度，通过不同的手段分析问题、解决问题的能力，掌握不同的试验技能，此类试验也可根据各学科的实际情况视为综合性试验。

(4) 人才培养的综合性：通过综合运用试验、方法、手段，培养学生的能力和素质。

综合性试验可以在一门课程的一个循环之后开设，也可以在几门课程之后安排一次有一定规模的、时间较长的试验。

2. 设计性试验

设计性试验是指给定试验目的要求和试验条件，在教师的指导下由学生自行设计试验方案，选择试验方法和试验仪器，拟定试验步骤，加以实现并对试验结果进行分析处理的试验。

设计性试验可以采取如下形式。

(1) 教师给定题目，学生自定试验方案、试验步骤、自选(或自行设计、制作)仪器设备并独立完成。

(2) 学生自定题目，并独立完成从查阅资料、拟定试验方案到完成试验的全过程。

设计性试验在教师指导下可以是学生单人，也可以由学生组成小组或团队协作完成。小组或团队协作完成时，应由教师明确其在小组或团队内的分工，尽量使每个学生受到全面的训练。设计性试验一般可在学生常规或综合性试验训练的基础上，经历一个由浅入深的过程之后开设。

3. 研究创新性试验

基础试验选题一般比较经典，目的明确，原理易懂，操作规程非常清楚，加上有一定理论学习的基础，培养的学生水平一般远低于理论教学水平。为此，在毕业论文之前增加一个综合培训的环节——研究性试验，让学生在得到基本技能训练以后，围绕一个合适的研究课题，开始学习如何制定研究方案、设计试验，综合运用知识和技能解决本专业的科技问题，为进入毕业论文阶段奠定基础。这对学生实践能力和素质的提高有重要作用。

研究创新性试验是指学生在教师指导下，在自己的研究领域或教师选定的学科方向，针对某一或某些选定的研究目标所进行的具有研究、探索性质的试验，是学生早期参加科学研究，将教学与科研相结合的一种重要形式。研究创新性试验也属于设计性试验的范畴，是具有科学研究和探索创新性质的设计性试验，与设计性试验相比，突出试验内容的自主性、试验结果的未知性、试验方法和手段的探索性等特点。

5.1 项目的计划

土力学试验课程有两大特点：一是其不同于其他单纯的验证性试验，每一个试验项目都是实际工程中必做的项目，其试验结果可直接应用于工程设计和施工中。二是每个试验项目虽有其各自的独立性，但从总体上看又是环环相扣、密切相关的，任何工程实际问题都不可能仅仅只与一两个试验内容有关。

对于综合性和研究性试验，在教学过程中教师只对学生提出试验要求，提供试验材料，负责指导和检查试验结果，让学生自己查阅文献资料，自己设计试验方案，独立撰写技术报告，这样可充分发挥学生的主动性和创造性，培养学生独立的工程设计能力、分析问题和解决问题的能力，从而使学生的创造能力和工程意识在试验教学中不自觉地得到激发、引导和巩固。

综合性试验不应仅局限于试验内容的综合，还应包括试验内容、试验方法、试验手段的综合，因此可以把综合性试验理解为试验内容涉及相关的综合知识或运用综合的试验方法和试验手段的试验。综合性试验的特征体现在试验内容的复合性、试验方法的多元性、试验手段的多样性、人才培养的综合性几个方面。

试验过程分为试验内容设计阶段、试验完成阶段和试验报告编写阶段完成试验题目。要求学生自行分组，由组长负责，自行设计试验内容和实施计划。试验内容和实施计划经过指导老师审查批复后，和试验室老师一起完成试验设备的准备和试验场地的准备，学生根据试验计划完成试验内容，并根据自己的试验结果进行讨论和研究，最后编写试验报告，给出和题目要求相对应的试验结论。

专题研究试验侧重学生对某个专题试验的深入研究和探讨，强调以学生为主导，让学生在研究试验中学习研究的方法。由指导教师布置专题任务，学生制定试验方案，独立完成试验设计、仪器的选配、试验结果分析及试验方案的改进和总结。试验主要由学生独立完成，教师给出参考书目、说明书和相关的试验仪器，介绍大概的专题试验内容及要求，具体怎样做由学生自己决定，遇到问题与教师讨论和交流。试验报告的内容写成小论文的形式，其中要求先完成一篇研究性试验论文，与学生毕业设计论文相结合，并进行论文答辩。

5.1.1 项目训练的意义

通过试验使学生深入了解岩土材料的工程特性，掌握土的力学特性，培养学生解决岩土工程能力，并培养学生进行科学试验的能力和严谨求实的科学态度。通过分析试验结果及其影响因素使学生巩固和丰富理论知识，提高其分析实际工程问题和解决问题的能力。

1. 设计性试验

学生在教师指导下，自主制定试验方案，对试验结果进行认真分析，得出一些很有价值的结论，培养创新性思维和综合利用所学知识的能力，激发学生的试验热情和求知欲，如土的定名、含水率不同时的测试方法比较、高应力下土的抗剪强度性质研究、砂最大干密度和最小干密度测试方法研究与改进等。

以往传统试验课程的试验项目大部分是演示和验证性试验项目，这很不利于学生的创新能力和动手能力的培养。因此，我院重新制定了试验教学计划、教学大纲及每门试验课程内容，并修改了试验项目类别，增设了50%的综合性、设计性试验项目，并且都在开放实验室环境里完成。要做好、完成好综合性、设计性试验必须在开放实验室里进行，而开放实验室必须满足的最基本的条件是有充分的时间和充足的场地，满足仪器设备的使用和试验材料的供应，这样才能使学生自己动脑筋，在自己动手操作的实践中，学会仪器设备的操作技术、安全和防火等防范手段及获取通过自己的亲身体验得到的宝贵经验和技术，同时也提高了学生创新思维能力。

2. 创新试验

在教师引导启发下，鼓励学生结合实际工程情况进行探索创新性的试验研究，为学生进行土力学理论验证、工程模拟、理论探索和创新提供有利条件，如探讨新模型，研究更可靠、更符合工程设计的计算参数等。支持学生做设计性、研究性试验和校外科技开发。为了支持和鼓励学生参加各种科技竞赛活动，应有适当的激励机制，例如，对于参加省级以上或全国性科技竞赛中获奖的学生，给予其相应的学分，适当增加指导老师的工作量，这样可以在很大程度上提高教师和学生的积极性和主动性。

1) 创新试验形式

可以由学生自己设定，也可以由参与的科研项目决定。创新试验的审查论证是多渠道、多方面、全方位的。

2) 创新试验的效果

(1) 通过参与工程实际问题的解决，初步掌握科研的方法和步骤，有效地激发、引导和巩固学生的工程意识和创新意识。

（2）在实践中运用地质学、土质学、土力学和土工试验知识，使学生加深、巩固并更深层次地理解专业知识的有用性和有效性，让学生懂得科学试验的严谨性、复杂性、严密性，培养学生严肃、认真的科学态度，锻炼学生独立思考、结合专业知识分析工程问题，以及解决工程实际问题的能力。

（3）使学生尽早将工程实际和科学研究结合在一起，培养其在工作中发现问题和解决问题的能力，以适应时代的节拍，跟上科学技术的发展，为顺利融入社会做好必要的技术技能和精神准备。

（4）培养学生团结协作的精神，挖掘自身潜力，提高学生实践能力，从各方面塑造自己、完善自己。

（5）发挥学生学习的主观能动性，培养学生的创新精神和独立完成工程设计的能力，给学生很大的自由和创造的空间和机会，更大地发挥学生的潜质，培养学生在学习上不是消极地接受，而是积极地思考和探索的习惯。

5.1.2 项目计划的内容

试验教师、理论课教师及土力学方面的研究人员经过研究，并结合研究课题和仪器条件，提供给学生自选的创新性试验项目。试验中心提供便利条件，使学生通过选择该部分试验项目可以参与到相关教师的科研项目或者大学生创新项目中，并在仪器创新、成果获得、论文撰写上给予全面的指导。

从试验教学内容看，试验课程包括基础试验、设计性或综合性试验和创新性试验三类；从试验教学形式看，试验课程包括课堂集中试验和开放性试验两类。

1. 基础试验项目

训练基本试验技能，让学生先掌握土力学特有的试验操作技术，占学时的1/2，该阶段的试验项目以土的常规物理力学性质指标为主。在教师的指导下，通过多媒体等教学手段，让学生按照试验指导内容独立完成，使学生掌握土力学试验最基本的试验操作技能，同时熟悉各个试验项目的试验规程和规范化要求，为科学探索和工程应用打下基础。

该阶段主要在土力学理论课学习过程中完成，通过试验教师的辅导，完成表5.1中的第1~7项试验项目并完成试验报告。

表5.1 基础技能训练项目

序号	试验项目	实验内容
1	密度试验	测定土的密度，了解土的结构疏密，计算土的自重压力
2	比重试验	测定土的比重，为计算其他物性指标提供依据
3	含水量试验	测定土的含水量，了解土中含水量情况
4	液限试验	测定土处于液限时的含水量，计算土的塑性指数和液性指数，为粘性土的分类提供依据
5	塑限试验	测定土的塑限值，并与液限结合计算土的塑性指数和液性指数，为粘性土的分类提供依据

(续)

序号	试验项目	实验内容
6	压缩试验	测定土在侧向与轴向排水条件下孔隙比与压力的关系、变形与时间的关系,计算土单位沉降量、压缩系数、压缩模量等
7	直接剪切试验	测定土体在不同的垂直荷载下受水平剪切力作用,得出 $\sigma-\tau$ 关系曲线,确定土样抗剪强度指标
8	击实试验	测定土的含水量与干密度的关系,确定该土的最佳含水量与最大干密度
9	现场密实度试验	测定现场土体的密度,并结合室内击实试验对现场土体的密实度进行评定
10	现场载荷试验	确定地基极限承载力基本性质和地基的变形模量等

2. 设计性及自主设计性试验项目

在学生掌握了基本操作技术和基本的土力学理论知识的基础上,进一步实施开放式试验教学。试验室对学生开放,除了规定的上课时间外,可以利用课外时间来做试验。该阶段以学生试验为主,教师辅导为辅,开始阶段教师首先考查学生对操作技术和专业理论知识的掌握程度,开设多样化的与基础理论相关又具有应用价值的试验题目(表 5.2),提出具体要求并下发至学生手中,学生自由组合成试验小组,选出自己感兴趣的试验题目,分成试验内容设计阶段、试验完成阶段和试验报告编写阶段完成试验项目。

表 5.2 综合型设计训练项目

序号	实验项目
1	土体物性参数综合测试
2	土体直剪试验与三轴试验对比分析试验
3	土体抗剪强度与微观结构关系试验
4	土体压缩与直剪一体化试验
5	土体击实与载荷联合试验
6	含水率不同时的测试方法比较试验
7	砂最大干密度和最小干密度测试方法研究与改进试验
8	高应力下土的抗剪强度性质研究
9	土体抗剪强度与微观结构关系
10	粉土低围压和常压下的强度特性试验
11	其他自主设计性试验

这类选题是综合性的,能激发学生们完成试验的兴趣,同时又能够让学生把所学的理论基础知识得到一次实践。当然,其理论性和技术性以及应用性和连续性都很强,所需的

时间也比较长,在试验过程中教师定位于帮助学生选题,启迪思维,以学生为试验课程教学的主体,使学生独立设计试验方案并选择试验方法,完成选题和试验的全过程,以便在探索过程中掌握相关知识,由得到的试验结果获得成就感。针对试验过程中出现的问题一起进行讨论,分析和研究解决办法,激发学生浓厚的学习兴趣,调动学生的积极性并增强其创新意识。

3. 创新性试验项目

此类试验项目(例如表 5.3 中的示例)可以是自己设计的,也可以是综合性的;可以是探索性的,也可以是研究性的。鼓励学生自己设计综合性或探索性试验,这样学生就能按自己选的科目,自己查资料、进行设计和动手操作,这一切都按自己的思维方式来进行试验。这样的试验模式对调动学生的积极性、主动性和发挥其创造性和形成科学思维方式有很大的帮助。

表 5.3 创新性试验项目

序号	实 验 项 目	序号	实 验 项 目
1	坡面泥石流模型试验	14	粘土断裂试验
2	沟谷泥石流模型试验	15	碎石土断裂试验
3	水库岸坡变形破坏机制模型试验	16	边坡渗流与排水技术模型试验
4	滑坡滑动面锁固结钩试验	17	微膨胀性土体作为填料的改性试验
5	滑坡滑动面微创技术试验	18	高寒地区路用填土抗御道路翻浆的性能试验
6	土体应力路径三轴试验	19	隧道洞口段边坡灾害防治工程模型试验
7	边坡突发性灾害安全警报模型试验	20	土坡稳定性对降雨条件的耦合过程模型试验
8	浸泡条件下粘性土体微观结构 X 衍射光谱分析	21	边坡失稳过程计算机模拟试验
9	土体非饱和三轴试验	22	地基变形破坏过程计算机模拟试验
10	土体显微结构镜下观测试验	23	斜坡表面填土稳定性处治技术试验
11	优化填土工艺试验	24	土体强度参数对含水量响应关系试验分析
12	水下填土工艺室内模型试验	25	碎石土强度参数敏感性直剪试验
13	工程弃渣的填筑性能试验		

5.1.3 项目技术路线设计方法

对于大量的验证性试验内容应从应用性、综合性、设计性等角度进行修改,使之能适应开放试验的要求。通过对理论的理解和设计方案的选择,并通过对试验现象和试验数据的分析以达到加深理论理解的目的。

对于综合型和研究型试验，教学过程中教师只对学生提出试验要求，提供试验材料，负责指导和检查试验结果，让学生自己查阅文献资料，自己设计试验方案，独立撰写技术报告。这样可充分发挥学生的主动性和创造性，培养学生独立的工程设计能力、分析问题和解决问题的能力，从而在试验教学中使他们的创造能力、工程意识得到激发、引导和巩固。

在设计项目技术路线时，一般可按图 5.1 所示的流程组织。

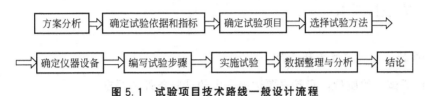

图 5.1　试验项目技术路线一般设计流程

在选择具体的试验方法时，依据的原则主要有三点：模拟的相似条件应是最佳的；试验中各种数量系统误差应是最小的；在符合经济原则的前提下，选用的试验机理对工程实体的代表性是最大的。

5.2　项目的实施

在试验项目实施过程中，教学方法应摒弃灌输式、模仿式的试验教学模式，运用启发式、研究式的试验教学方法。采取多样化的试验课程组织形式，如课堂研讨法、试验循环分组法、试验项目包干法、实地考核法、模拟试验等，营造活泼、主动、协作、进取的科学氛围，充分调动学生学习的兴趣与积极性，使学生能积极主动地参与试验、研究试验。

完成土工综合试验项目从原状土开土、描述、分项试验直至最后的成果整理，写出一个完整的土工试验成果报告。

关于专题研究试验教学方式，具体做法是采取因材施教的原则，使部分学生参加，结合毕业论文和科研活动进行。

研究型试验以探究知识的来源、发现问题、解决问题为目的，因此在教学中应注意以下几点。

(1) 遵循规范，将培养科学态度与鼓励创新相结合，积极引导学生发现试验中的不足，并予以改进。

(2) 以工程实际背景选择试验条件。

(3) 注意对试验结果的综合分析，明确指标间的关系。

(4) 培养动手能力和排除设备一般故障的能力。

创新试验实施过程包括试验内容的确定、试验的论证、整个试验的设计、所用试验材料的选择、试验过程和现象的观察和描述、试验结果和试验数据的处理、技术报告的撰写、创新试验思想的完善。

(1) 试验的论证，主要是看试验是否具有创新性、科学性、可行性、准确性和必要性。

(2) 试验设计，是指采用何种方法，遵循什么标准，怎样完成试验。
(3) 所用的试验材料，包括规格、尺寸、性能等方面。
(4) 试验过程和现象，是指对试验过程中可能会出现的一些现象的观察和描述。
(5) 试验结果和试验数据的处理，是指采用什么试验数据处理方法才能得出正确的试验结果。
(6) 创新试验思想的完善，是指从创新试验中得到体会及需要改进的方面。

5.2.1 试验项目要求

1. 开展试验项目应具备的条件

为了保证试验的质量，实验室要达到一定的试验条件和要求。

1) 硬件条件

主要包括试验场所、试验仪器设备建设。试验需要相对宽敞、管理规范、环境和卫生条件良好的场所；试验设备的数量要充足、种类要齐全、并且有一定的先进性和可靠性。

2) 软件条件

主要包括实验室管理制度和工作规范。要有完善的管理制度、适宜的试验教学方法及方式，开发一定数量的试验项目，能满足试验教学需要的相关教学资料（试验规范规程、仪器说明书、操作规程、试验声像资料、相关科技文献资料等）。

3) 开放条件

主要包括试验时间、试验内容、教学方式的开放。尤其是在时间上要给学生自由，学生可利用课余时间和休息日进入实验室做试验。

(1) 时间开放：要有充裕的时间让学生能进入实验室。学生可在给定期限内自行安排试验时间，可一次完成，也可分多次进行。学生查找资料后提交试验方案给实验室，并提前到实验室预约试验时间；实验室根据试验管理人员的力量，尽量从周一至周日全天开放。

(2) 内容开放：试验的测试内容及测试对象由学生自己选择。实验室提供可做的试验名称以供参考，并尽量结合工程实际与科研课题中的试验内容提供给学生，以训练学生严谨的工程意识与科研意识。

(3) 指导开放：试验指导老师只负责把关。一是对提交的试验方案的可行性把关，二是对试验结果与试验报告把关。学生根据所学专业知识与教学进度，根据自己的学习计划与时间，自行完成试验内容的选择、资料的收集、试验方案的设计、仪器的选用与标定、试验过程与数据的采集、试验结果的处理与分析及试验报告的撰写等全过程。

对于试验仪器相同、操作手段雷同的或一些验证性的试验，则采用部分开放式的教学方法，并做到在工作时间里对学生进行开放。这种形式适合低年级的学生采用。一是他们可以通过实验室的开放巩固试验操作的基本方法，对于基础性强、操作要求规范、经典的试验，由教师用传统教学方法进行试验，并着重讲解仪器的操作规范和使用方法及不同类型试验的操作方法，灌输试验的安全意识和防范手段；二来对于接受能力较弱的同学，可在开放时间内复习重做，教师可以进行针对性指导，强化训练。

4）教师条件

试验项目一般需要专门的教师指导，学生的试验水平和教师的指导水平密不可分。实验室要配备一定数量业务水平高、敬业精神强的试验指导老师，教师要能不断更新试验项目，提供适宜的指导方式和方法。

5）学生条件

设计性、创新性试验项目不是所有学生都要完成的，对于做了该类试验的学生存在试验成绩认可的问题。为鼓励学生用课余时间参加试验项目，应制定相关激励和制约政策。例如，将这些试验纳入实践教学环节中，规定每完成一个试验项目可得到的具体学分数，或按一定比例计入试验课成绩，或计入学生的素质学分，对于表现突出、试验有独创性成果的学生给予奖励；对于学生的试验成果，可通过学术交流、撰写发表论文、评比表彰等形式展现，以激发学生参加试验的激情。

2. 试验项目的要求

在普通的需测定土的基本性质之间有着某种数理统计关系，而这些基本性质与应用工程性质之间有以下几种经验关系。

（1）若能根据土工试验所得分类特性值进行土的分类，则可根据分类表大致了解该土的工程特性及其适用性。

（2）在时间、经费及设备不是十分充足的情况下，也可依据试验所得到的简单的土的基本特性来推断土的应用工程性质，或根据地基或土质材料的外观状态制定具有高度经济效益的调查计划。

（3）利用土工试验结果一览表和土性图，读取相互联系的某一土质参数值，即可判定试验结果的正确性。因此制定土工试验计划时，需要弄清土工参数之间的相互关系，对于特别重要的特性还需要反复验证。

另外，因土工试验并非每项试验都要做，而是根据试验对象和目的，有选择地将几个基本试验指标进行组合后再进行，故需根据工程需要通盘考虑设计试验项目和制订试验计划。例如，形成的试验计划见表 5.4。

表 5.4 综合性试验项目及要求

编号	试验项目	完成的试验内容及要求
1	野外鉴别土体	对野外土体进行鉴别并按要求取土。要求：分别描述 5 大类土并取样
2	选择理想填土	取土、三相指标、击实等试验。要求：至少选择两种土进行比较，给出击实等试验的所有数据并提供详细的报告
3	确定土的工程性质	三相指标试验、直剪或三轴试验等。要求：至少选两种土样按规范做试验，并提供试验报告，对所取土体的工程性质进行评价
4	确定地基土承载力	三相指标试验、压缩试验、直剪或三轴试验。要求：提供试验报告，并用 3 种方法（强度指标、经验公式、地方规范表格）给出所取土的承载力

(续)

编号	试验项目	完成的试验内容及要求
5	判断地基沉降	三相指标试验、压缩试验。要求：提供试验报告，并按分层总和法和规范法给出所选地基的沉降值
6	评价边坡稳定	压缩试验、直剪或三轴试验。要求：提供试验报告，并分别用库伦和朗肯理论计算土压力，用条分法等对某边坡进行稳定性评价

3. 试验项目的选择

选择原则主要有以下几个。

(1) 科学研究方法论方面的试验内容。选择能反映本学科发展和研究的基本过程与基本方法，以及试验方案设计、结果整理与分析的方法方面的内容。

(2) 本学科中的科学主题。选择本门课程中最具有教育价值的知识和有利于学生独立开展试验研究的内容。

(3) 要有结合工程实际的、有利于学生综合锻炼分析和解决问题的能力，能独立地分析试验结果可靠性的试验。

(4) 参照国内外高校相关专业试验设置。

5.2.2 试验项目实施过程

1. 布置准备阶段

1) 实验室准备

为了适应学生活跃的思维，不同的思路，正式试验前实验室应当尽量预备较多的仪器及器件。相关实验室应当为学生了解实验室现有的仪器设备情况创造条件。向学生介绍实验室提供的仪器设备的性能、使用方法及操作注意事项。

2) 学生准备

在设计性试验中应适当提前向学生布置任务。学生利用课余或自习时间到图书馆查阅有关资料，进行理论分析和研究，每个试验小组经反复思考讨论，设计自己的试验方案，确定试验步骤，拟定试验数据记录表格，分析试验数据的变化趋势和预想的试验结果。

学生进行开放试验应事先预约，并服从试验室工作人员的安排。预约情况可在网上公布。要求学生在进入实验室以前充分预习所要进行的试验并写出预习报告，对设计性、综合性试验要列出选用的试验仪器设备、试验方案及步骤，以及预测的试验现象。针对学生拟定的设计性试验的试验方案或试验步骤，各学院应统一格式，写成书面方案（或试验步骤），其内容应包括文献查阅(综述)、理论分析或研究、试验方案(目的、设备、方法、步骤等)。

鼓励学生对设计试验教学方法提出独特的见解和看法。通过讨论使学生对所学知识进行进一步深化和拓宽。

3) 教师准备

在教学过程中教师处于辅导者的地位，在学生准备试验的过程中教师可与学生一起讨论或进行必要的辅导，向学生详细介绍试验设备与试验理论。可以通过讲座的形式对参与试验的同学进行强化培训，并组织对试验项目进行讨论。

对于学生提交的试验方案，由试验教师初审其试验方案是否合理、试验步骤是否正确。对每一份制订的试验方案提出书面意见，肯定方案中的优点和长处，指出存在的问题和不足，启发学生根据建筑场地的工程地质及建筑工程的施工或使用情况确定合理的试验方案。对试验方案提出质疑，并讨论形成最终的执行方案。书面方案（或试验步骤）应经过教师审查签字确认。

教师在审查学生拟定的设计性试验方案（或试验步骤）时，如有必要应会同相关学科的教师或实验室教师共同讨论其可行性和可靠性，也可由实验室组织试做。

在试验过程中教师应该避免手把手教的指导方式，多让学生自己动手。但教师应密切关注学生的试验过程，对于思路过于偏离的学生可以适当提醒，着重引导学生将所学的知识和技能用于解决在试验中遇到的各种问题。要多用启发式教学模式，而不要对学生的操作干涉过多，应注重最后的试验结果及对结果的分析讨论。

2. 试验阶段

学生制定的试验方案被审查批准后，便可以开始进行试验。

进行试验一般要求遵从正确的操作顺序，按照数据图表（即试验记录表）所列项目进行试验。本书在各试验法的后面均附有试验的数据图表，可供参考。这样做，无须担心在试验过程中遗漏关键的测定步骤而造成严重错误，确保试验顺利进行。

对于在试验中遇到的问题进行分析思考后，可向教师提出。指导教师应及时给予指导解答。

在试验结束时，学生应主动协助试验教师清理试验场地，整理试验仪器，恢复整洁、有序的试验环境。在试验教师明确许可后，学生方可离开实验室。

这一阶段教师的角色最重要。在试验过程中主要是辅导仪器设备的具体操作，更重要的是通过暗示、建议、鼓励等方法对学生加以指导。例如，暗示学生注意观察哪些试验现象，建议学生选用正确的仪器设备和试验参数，避免学生在无益的问题上浪费太多的时间和精力。

在学生遇到困难时鼓励他们将工作继续下去，启发他们如何分析问题和解决问题。对于试验中的安全性因素，教师在审阅预习报告时应对学生讲明并做到随时检查。

3. 讲评阶段

试验结束后，要求每个试验小组写出试验报告，送交试验教师。设计试验的试验报告相当于一篇小论文，要求写出试验原理、试验步骤、试验测试数据、分析处理方法和试验结果。

试验的大部分准备工作和试验报告应在课外完成。对于在计划学时内不能完成的一部分试验准备工作和试验操作可在实验室的开放时间内完成。

教师根据学生提供的试验报告、实际实施情况及试验测试结果，在全班进行讲评，并组织学生针对下面几个问题进行讨论。

（1）整个试验过程是否按原计划进行。

（2）试验目的是否达到。

(3) 从设计试验中学到了什么。

由试验教师批改试验报告，给出某一次试验报告的成绩。试验课程成绩以试验报告及成果、初步试验方案、试验过程表现等方面的成绩综合确定，其参考比例分别占试验课程成绩的 60%、20%、20%。

5.3 项目的成果

5.3.1 试验项目数据采集和指标分析

1. 数据的采集

1) 采集系统

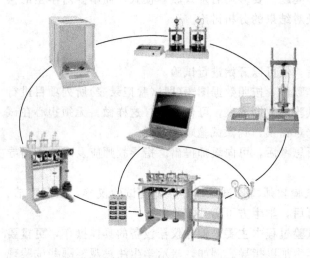

图 5.2 土工试验数据采集处理系统示意

土工试验的目的是对岩土样进行测试，并获得岩土的物理性、力学性、渗透性及动力性等指标。在试验及试验资料的分析整理过程中，需记录大量的数据并进行相应的计算，试验结束后进行数据整理、计算和曲线绘制等的工作量也很大，为此试验室可应用土工试验数据及处理系统，如图 5.2 所示。

土工试验计算机辅助数据采集处理系统采用机电一体化的模块结构和拼装方式，由硬件和软件两部分组成。软件包括计算机操作系统和数据采集处理程序；硬件包括系统试验仪器、主计算机、信号采集通道电路板、信号传感器及连接电缆（接线盒）等。在采集通道电路使用主要硬件 A/D 转换和前置处理电路，按照标准 PC 系统总线，设计出专用的数据采集功能卡（通道卡），将其直接插入计算机主板的扩展槽口上，可成为土工试验数据采集专用机。

所有软硬件的集合体构成的试验模块按试验项目分类，各单项试验相对独立，但可根据试验内容、工作量大小选择模块的有无及所含单元的多少组成所需的试验系统，这样能确保在同一总体设计体系下的系统性、完整性连续性和一致性，如图 5.3 所示。

2) 采集方法

系统数据处理程序涵盖常规试验项目，详实地记载了各种试验的数据信息。采用数据库管理功能，智能化程序较高。对内，能实现不同试验项目之间相关数据的自动检索、传输、赋值。对外，生成 ASC11 码文件形式的数字接口，实现后续工序与其他软件的资源共享。系统软件在严格遵循土工试验国家标准规定的同时，采用开放性技术，对于与用户

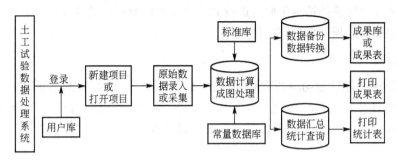

图 5.3 数据流程

有关的参数、标准、报告格式等，用户都可以自己修改或创建。系统软件具有方便的人工干预功能，试验人员可以完全按照符合规范标准的操作实施调整。

(1) 数据输入。在输入工程编号、工程基本数据、钻孔基本数据、土样基本数据之后，输入或选择该工程各项试验项目的相应数据，如图 5.4 所示。

(2) 数据采集。系统能够采用电测的仪器连接，采取分散采集、集中处理原则进行数据采集，经过模数转换完成试验过程中的数据采集。以数据来源来区分有自动采集和人工记录键盘输入两种方式。

系统将所采集的数据加以存储、处理、输出。试验时实时动态显示试验数据和曲线、动态修正零点、在试验过程中给出语音提示，有助于在开环条件下对试验进行实时控制。

自动采集一经采样结束就自动计算成果，尤其是物理试验边采样、边计算，在屏幕上显示计算结果，凡是经系统各程序处理的数据，均会自动生成经压缩的档案文件。可以按事先设计好的各种格式成果表输出单项试验成果，以及像土工试验成果总表那样的汇总成果。数据处理软件功能框图如图 5.5 所示。

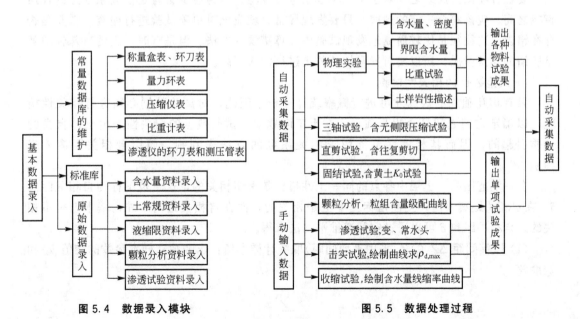

图 5.4 数据录入模块　　　　　　图 5.5 数据处理过程

数据采集及处理系统适用于同时进行大批量试验的情况，若样品不多、试验项目要求简单，可只用数据处理软件更为方便。

2. 数据预处理

数据预处理是进行数据分析和挖掘的基础。如果所集成的数据不正确，清理得不干净，数据挖掘算法输出的结果也必然不正确。事实上数据挖掘过程中有 80% 的工作用于数据准备和提高数据质量。因此要提高挖掘结果的正确率，数据预处理是不可忽视的一步。

对数据进行预处理一般需要对源数据进行再加工，检查数据的完整性及数据的一致性，删除冗余数据，平滑噪声数据，填补丢失的数据等。

常见的数据预处理方法有数据清理、数据集成、数据变换和数据规约。

(1) 现实世界的数据一般是脏的、不完整的和不一致的，数据清理试图填充空缺的值、识别孤立点、消除噪声，并纠正数据中的不一致。

(2) 对来自多个数据瓣的数据，必须通过数据集成解决数据间的冲突问题，合并数据。

(3) 数据变换是将数据转换为适合挖掘的形式。

(4) 数据规约是在尽可能保证数据完整性的基础上，将数据以其他方式表示，使挖掘过程更有效。常用的规约策略有数据立方体聚集、维规约、数据压缩、数值压缩和离散化等。

3. 数据的校核

《结构可靠性总原则》(ISO S2394：1998)规定：随机变量的概率模型应以有效数据的统计分析为依据，在可能的条件下应对所有数据进行校核，以消除量测误差。

要在各项试验成果之间对土工试验成果进行校验，因为至少会有定性关系在土的性质指标之间，应该符合一定的规律。只要发现异常，就应该对单项试验进行检查，看其是否存在错误，这往往是比较简捷地发现试验中计算错误的方法。但是有时，土的特殊性质就是所谓的异常情况，所以要对异常性质的土进行深入了解。

1) 试验数据的相关性检验

只有相互独立的数据才可进行概率统计分析，因此，对试验数据必须进行相关性检验，以确定它们之间是否相互独立。在土工问题中，试验数据的相关性是由土体自身的性质引起的，因而其相关性不能用求相关系数的方法来判别，而用自相关距离 δ 来判别。

在一定范围内，土层中各点的同一土性指标是密切相关的，这个范围称为自相关距离 δ。在自相关距离 δ 内，土性指标基本上是相关的，而在自相关距离 δ 外，基本上是不相关的。自相关距离 δ 可以通过空间递推平均法求得。

(1) 以等间距 ΔZ_0 (ΔZ_0 采用平均间距)取统计样本值，求非独立样本参数的均值 μ_x 和标准差 σ_x：

$$\mu_x = \frac{\sum_{i=1}^{n} x_i}{n} \tag{5.1}$$

$$\sigma_x = \left[\frac{\sum_{i=1}^{n}(x_i - \mu_x)}{n} \right]^{1/2} \tag{5.2}$$

式中：n——样本容量。

(2) 取相邻的 $N(N=2,3,\cdots,n-1)$ 个点取平均，得到另一组样本(以每相邻的两个样本值的均值构成一个新的样本空间)。采用式(5.2)求得这组样本的标准差作为原样本空间标准差 σ_{xn}，ΔZ_0 为取样间距，根据标准差折减函数定义式：

$$\Gamma(n) = \frac{\sigma_{xn}}{\sigma_x} \tag{5.3}$$

在 $\Gamma(n)\text{-}n$ 坐标上绘图。

(3) 已知当 $\Delta Z(\Delta Z = n\Delta Z_0)$ 足够大时，方差折减函数形式为

$$\Gamma^2(n) = n\Delta Z_0 \tag{5.4}$$

取曲线 $\Gamma^2(n)\text{-}n$ 开始趋向水平时对应的平稳点 n' 与 $\Gamma(n')$ 值，则

$$\delta = n'\Delta Z_0 \cdot \Gamma^2(n'\Delta Z_0) \tag{5.5}$$

(4) 有了自相关距离 δ 时，就可以根据取样点位置，以 δ 为尺度，将指标的样本测值分成 m 组，在自相关距离 δ 以内的样本点，用样本的加权平均估计该区域内的平均土性 $\hat{\mu}$，在范围 δ 内可以得到一个 $\hat{\mu}$，对于 n 个样本值，可以得到 m 个 $\hat{\mu}$，通过以上处理得到的这 m 个 $\hat{\mu}$，就可以视为相互独立的样本。

2) 试验数据中量小样本数的检验

根据初次现场勘测所得的样本，可确定这些样本数目是否满足所需的精度要求，如不满足，则需再一次现场勘测，进一步取样，直至满足要求。

参数最小样本数检验步骤如下。

(1) 整理数据，统计样本数 n，计算样本均值 μ_x 和标准差 σ_x。

(2) 根据所需的精度确定置信水平 a，并计算 t 分布在自由度为 $n-1$、概率为 a 时的临界值 t_a，则可确定出样本总体的平均值 μ_x 的波动范围为 $[\mu - t_a(\sigma/\sqrt{n}), \mu + t_a(\sigma/\sqrt{n})]$。

(3) 试验数据 n 必须满足 $\frac{t_a(\sigma/\sqrt{n})}{\mu_x} \leqslant (1-a)$，如果不满足则需要进一步取样重新校核。

4. 数据使用

相关的试验标准和规范往往不加区分地把试验结果与成果融为一体。这种做法的主要问题是弱化了土力学试验的特殊性，因"土"的结构性质、物理性质(含水理性质)和力学性质的复杂性、制样的离散性、试验次数的有限性等因素的影响，在试验结果基础上有必要进一步大胆假设和推断，并进行归纳和演绎。合理的假设和推断就构成了具有试验基础和依据的试验成果。不同的人可以获得相同或类似的试验结果，但可能获得不同的试验成果。

对于常规土力学试验，试验成果基本预知。因此往往不区分试验结果和试验成果。对于土力学复杂和新的试验结果，则必须进行合理假定和推断，这是土力学试验研究的宗旨和本质，否则将不易获得对新现象的解释和创立新的规律和理论。

在土力学试验中，若将试验结果与试验成果给予适当的辨析，可充分发挥经典土力学试验的独特作用，从而提高学生的认知能力和分析、研究、解决问题的能力。

5.3.2 试验项目资料整理和报告编写

指导学生写出高质量的试验报告是试验的重要环节。要求学生从试验方法的建立、试验步骤的设计、试验设备的选择、试验数据的处理和试验结果的分析讨论等方面写出报告。教师对试验报告进行认真批改,并做好材料保存工作。

对于理论上有创新或有实际应用价值的成果,教师要鼓励和指导学生写出学术论文予以公开发表。

1. 试验报告内容

设计性试验项目名称(写明选题的主、副标题)
(报告人)

一、摘要、关键词(3~8个)

二、试验目的及要求
这是试验方案的重要部分之一,要求写明本试验的具体目的。

三、试验条件
简要说明工程条件、所需解决的问题,对试样制备、仪器设备等条件的要求。

四、试验方案设计
包括原理描述(可能包括试验装置电路图、试验系统框图、试验流程图等)、试验项目包含的相关知识点及其联系、试验过程设计、试验观测点及观测指标、结果假设(拟得到的试验成果)等。

五、试验内容及步骤
说明试验方案的详细实施方法和程序,这是本试验方案最重要的部分,包括试验调试步骤、试验原始数据记录、试验调试过程中存在的问题、解决问题的思路及办法。

六、试验结果分析
结论、理论分析、解释。写出自己的创新性、有独到之处的见解。

七、结语(或小结、或结论)

八、收获体会与改进建议

九、参考文献

---

2. 说明与要求

(1) 形式为内容服务,撰写格式可以根据试验研究内容参考类似文献自己选定。

(2) 试验数据小组公用,同一大组的数据也可以引用,但是试验报告或论文由每个人独立撰写,不得抄袭。雷同的试验报告或论文均以零分计。

(3) 引用的参考文献要在正文中的相应位置做出标注。

(4) 自己根据研究内容拟定一个恰当的标题,一般不超过20个字。

(5) 引言一般不用这两个字作为标题,直接写一段话,说明题目的来源、研究意义、已有的基础等,控制在200~300字。

(6) 摘要的文字应该反映论文的主要内容,包括研究的目的、方法、主要结果和结论。不能太简单,类似一篇独立的短文。应该使读者看了摘要后就基本知道文章的基本内容,包括取得的成果。摘要应该比小结的文字多一些,200~300字。关键词一般选取能反映文章主题的 3~8 个词。

(7) 与试验记录一并上交。

5.4 训 练 案 例

5.4.1 土的定名试验

1. 试验要求

掌握确定土的工程分类定名的一系列试验方法；学会运用综合分析方法对土进行工程分类命名。

要求学生对自行采取的土样或实验室指定的土样进行简易鉴定，制定土样定名的具体试验方案，经教师审核后确定具体试验项目，独立完成试验过程与数据分析，提交土样定名报告。

在这个过程中，学生一方面需要熟练掌握土的分类知识，熟悉土的工程分类规范；另一方面需要掌握密度试验、含水量试验、液塑限试验、颗分试验等几个基本试验的操作规程，具备对多个试验的数据进行综合分析的能力。整个试验过程(查找资料、制定试验方案、选用仪器设备、试验操作、结论分析及提交试验报告)全部由学生独立完成，教师对试验原理和方法把关，引导学生对相关问题进行独立分析与解决，对试验结果进行验收，指导学生进行数据处理并完成试验报告。

2. 试验内容

提出试验所需土样的基本要求，包括试验用土料、土料质量的要求，土样取样记录的要求等。

学生对实验室指定的具体土样进行简易鉴别、分类，在预约试验时，了解所取的试验土样的有关资料。认真阅读参考资料中土的工程分类、命名方法和不同行业的规范。

学生在简易鉴别分类的基础上，制定土样定名的具体试验方案，经指导教师审定后确定具体试验项目，学生自主完成试验，提交土样定名报告。

3. 试验步骤

1) 试验前的准备工作

(1) 学生在预约试验时，了解所取的试验土样的有关资料，并对土样进行简易鉴别、分类。

(2) 认真阅读参考资料中土的工程分类、命名方法和不同行业的规范。

(3) 在简易鉴别分类的基础上，提出具体定名所需进行的试验项目。

2) 试验方案的制订

试验指导教师根据具体情况与学生共同讨论按土样要求必做的几项试验，最后，选取最重要的 2~3 项试验作为学生具体要做的试验。

3) 试验

学生独立完成试验的全过程，并提交试验报告和土的工程分类定名报告。

5.4.2 土的物理力学性质的测定

1. 试验要求

（1）学生在学习土力学课程时，由于各个试验的连贯性不强，对各个试验在实际工程中的作用不是很清楚，所以，通过该综合性试验，可使学生进一步掌握和理解课堂所学的理论知识，掌握试验操作基本技能，有利于其理论联系实际，锻炼实际操作能力，培养分析能力和解决实际问题的能力。

（2）学生制备试样，测试试验指标，计算整理试验数据，绘制出颗粒分析曲线、击实曲线和直剪曲线并对试验成果进行分析。通过自主学习与实践，了解各试验之间的联系和试验指标间的关系，发现土的物理性质与抗剪强度指标相互关系的规律，进而研究土的物理性质与地基承载力的关系，从而得到有价值的结论。

2. 试验内容

给学生安排 4 种不同的扰动土样，让学生按工程要求进行土样的密度试验、土样的天然含水率试验、土粒比重试验、土样的颗粒分析试验、土样的界限含水率试验、土样的击实试验、土样的渗透试验、土样的压缩试验和土样的直接剪切试验，测定出土样的液限、塑限，计算出该土样的塑性指数和液性指数、最大干密度、最优含水率，并提供击实后的压缩系数、压缩模量、渗透系数及土体的抗剪强度指标（内摩擦角和凝聚力）；根据塑性指数和液性指数及塑性图给对土样定名和判断土样所属的天然状态；根据压缩指标判断土样的压缩性等。

3. 试验步骤

（1）首先测定该土样天然含水率，制备比重、颗粒分析和界限含水率试验所用土样。
（2）做颗粒分析、比重、界限含水率试验。
（3）计算土样的液限与塑限含水率，对土样定名并制备击实试验土样。
（4）根据所测的最优含水率与最大干密度准备渗透、压缩、剪切试验土样。
（5）对击实后土样进行渗透、压缩、剪切试验。
（6）计算击实后土样的渗透系数、压缩系数、压缩模量等。

如果试验成果不符合试验规范要求，要重新进行试验。

5.4.3 土的物理性质与强度的关系

1. 试验要求

研究土的物理性质与地基强度（地基承载力）的关系。通过自主学习与实践，发现土的物理性质与抗剪强度指标相互关系的规律，进而研究土的物理性质与地基承载力的关系，从而得到有价值的结论。

2. 试验内容

利用已经掌握的基本试验技能，通过试验测定：

(1) 同种土不同含水率条件下的抗剪强度指标。
(2) 同种土不同压实(密度)状态下的抗剪强度指标。

3. 试验步骤

(1) 前期准备：通过阅读相关资料，进一步明确试验目的；熟悉试验的原理、方法、仪器设备；小组讨论，制定初步的试验方案；以小组为单位提交初步的试验方案，在教师的指导下，检查、补充、修改方案，确定最终的试验方案。

(2) 实施试验：依据各小组制定的试验方案，开展试验，并整理试验数据，结合试验的成果，找出同种土在不同状态下与地基承载力的关系并得出结论，撰写试验报告。

5.4.4 不同条件下三轴试验对比

1. 粘性土固结不排水三轴剪切试验

1) 试验要求

通过本试验掌握三轴试验仪的性能和使用方法；了解根据排水方法不同而确定的三种试验方法的工程意义；掌握利用三轴试验仪进行固结不排水三轴剪切试验的基本方法；掌握土样的制备和饱和过程；建立孔隙水压力消散与土体固结变形之间关系的基本概念；给出土样的固结过程曲线，以及剪切过程中的应力-应变关系曲线。

2) 试验内容

(1) 标准三轴试样的实验室制备方法和饱和技术。
(2) 饱和土样的固结过程及孔隙水压力的测定方法。
(3) 土样体积应变的测定和计算。
(4) 给出体积应变及孔隙水压力随时间变化的过程图。
(5) 给出剪切过程中轴向应力与应变的变化关系曲线。

2. 复杂应力状态三轴试验

1) 试验要求

建立应力路径的概念及在土力学中的意义；了解复杂应力状态下三轴试验仪的基本原理；了解如何施加和控制大主应力和小主应力；掌握标准三轴土样的制备方法；就一种简单的应力路径进行固结并进行卸荷试验，给出应力应变关系曲线。

2) 试验内容

(1) 标准三轴土样的制备方法。
(2) 控制大主应力和小主应力进行固结。
(3) 进行小主应力的卸荷试验。

5.4.5 饱和砂土的液化试验

1. 试验要求

掌握用动三轴进行砂土液化判别试验的基本原理、试验过程、试验条件与步骤及注意事项。熟悉试验方法,并初步了解砂土液化现象与原理。

2. 试验内容

(1) 饱和土样制取和初始基本参数测定。
(2) 围压和动荷载施加过程。
(3) 砂土液化过程监测与判断,主要注意围压与孔压的发展情况。

5.4.6 地基承载力确定试验

1. 试验要求

掌握根据具体的地质勘探和结构物设计资料,选择确定地基承载力所需使用的一系列试验方法;学会运用试验方法解决土木工程的实际问题。

2. 试验内容

学生针对实验室指定的原状地基土样、地质勘探(含原位试验)资料和结构设计资料等,阅读所取的原状地基土样的地质勘察、原位试验和上部结构设计的有关资料。认真阅读参考资料中抗剪强度、地基承载力方面的内容和不同行业的规范。

初步制定确定地基承载力的试验方案,经指导教师审定后确定具体试验项目,学生自主完成试验,结合原位试验,熟悉地质勘测的步骤及主要方法,进一步掌握静力载荷测试仪的使用方法。提交地基承载力设计值及其相应的设计和计算说明书。

3. 试验步骤

1) 试验前的准备工作

(1) 学生在预约试验时,阅读所取的原状地基土样的地质勘察、原位试验和上部结构设计的有关资料。
(2) 认真阅读抗剪强度、地基承载力方面的内容和不同行业的规范。
(3) 提出计算地基承载力所需进行的试验项目。

2) 试验方案制定

试验指导教师根据具体情况与学生共同讨论按规范要求必做的试验项目。最后,选取最重要的2~3项试验作为学生具体要做的试验。

3) 试验

学生独立完成试验的全过程,提交试验报告和地基承载力计算书和说明书。

5.4.7 填料压实性评价试验

1. 试验要求

掌握填料压实的基本理论、相关的试验方法和填料压实性室内评价方法。

2. 试验内容

学生根据实验室指定的填料土样(土料场的野外取样)及压实工程要求,在预约试验时,阅读试验土样的野外取样和土料场地质的资料,明确压实工艺和技术参数要求。认真阅读参考资料中路基及地基压实方面的有关内容和不同行业的规范。

初步制定填料压实性评价的试验方案,经指导教师审定后,确定具体试验项目,学生自主完成试验,提交压实性试验报告。

3. 试验步骤

1) 试验前的准备工作

(1) 学生在预约试验时,阅读试验土样的野外取样和土料场地质的资料,明确压实工艺和技术参数要求。

(2) 认真阅读路基及地基压实方面的有关内容和不同行业的规范。

(3) 提出评价土的压实性能所需进行的试验项目。

2) 试验方案制订

试验指导教师根据具体情况与学生共同讨论按地基填料压实或路基压实要求必做的试验项目。最后,选取最重要的 2~3 项试验作为学生具体要做的试验。

3) 试验

学生独立完成试验的全过程,提交试验报告和填料压实性评价报告。

5.4.8 水泥土的力学特性研究

对于淤泥质粉质粘土和砂性土两种土质水泥土,研究水泥掺入比、龄期、含水量、外加剂等因素对水泥土变形模量和回弹模量的影响规律,从而在采用水泥土搅拌法加固处理软土地基及基坑支护时提供相关的技术参数和理论支持。

5.4.9 山坡稳定性工程问题的解决方案研究

在山坡施工中频繁出现山体滑坡塌方的现象,不安因素较多,需要学生用土力学知识和土工试验的方法对岩土采样,分析其 E、R、C、ϕ、Rt 等力学参数,并建模和计算其应力、位移分布,找出危害山体稳定的关键因素,提出有效措施。

5.4.10 学生自选创新试验

1. 试验要求

(1) 所设计的方法要有创新点。
(2) 学生对新试验方法能进行科学评价。

2. 试验内容

学生自主提出一种创新性试验方案,经与指导教师讨论后实施,提交新方法的评价报告。

3. 试验步骤

(1) 试验前的准备工作:学生在预约试验时,提交自己的创新性试验构思。

(2) 试验方案制定：试验指导教师根据具体情况与学生共同讨论确定试验实施方案。
(3) 试验：学生独立完成试验的全过程，提交试验报告。
注：对于新试验仪器的研制需提供试验资金来源。

4. 举例

膨胀土对工程危害很大，采取措施抑制其胀缩是科学界和世界许多国家共同关注的问题。如何改良膨胀土的不良特性，增强地基土的透水性，提高承载力成为该项目的首要问题，但需要投入大量的时间和人力。

选择已学过专业技术知识和试验方法的学生参与该项目，与教师及专业人员共同探讨。学生自己构思，设计出对膨胀土的改良方案，围绕方案进行试验，得出试验结果进行分析和计算，然后将改良后的土用于工程实际中。

附录
试 验 报 告

通过土工试验可以得到土样的各种参数指标，而工程上应用的是代表整个土层的综合性指标，因此要对试验指标进行去粗取精、去伪存真的综合整理，从而得到对某一土层的代表性指标，并选取工程上应用的计算指标。

试验报告是试验的总结，通过写试验报告，可以提高学生的分析能力，因此试验报告必须由每个学生独立完成，要求清楚整洁，并进行分析及发表自己的观点。试验报告应包括以下基本内容。

(1) 试验名称、试验日期、试验者及同组人员。

(2) 试验目的。

(3) 试验原理、方法及步骤简述。

(4) 试验所用的设备和仪器的名称、型号。

(5) 试验数据及处理。

(6) 对试验结果的分析讨论。

土工试验资料的整理与试验报告的制作方法和步骤如下。

(1) 为使试验资料可靠和适用，应进行正确的数据分析和整理。整理时针对试验资料中明显不合理的数据，应通过研究分析原因（试样是否具有代表性、试验过程中是否出现异常情况等），或在有条件时，进行一定的补充试验后，对可疑数据进行取舍或改正。

(2) 舍弃试验数据时，应根据误差分析或概率的概念，按三倍标准差（即$\pm 3\sigma$）作为舍弃标准，即在资料分析中应该舍弃那些在$\pm 3\sigma$以外的测定值，然后重新计算和整理。

(3) 对于通过土工试验测得的土性指标，可按其在工程设计中的实际作用分为一般特性指标和计算指标。前者如土的天然密度、天然含水量、土粒比重、颗粒组成、液限、塑限、有机质、水溶盐等，指对土分类定名和阐明其物理化学特性的土性指标；后者如土的粘聚力、内摩擦角、压缩系数、变形模量、渗透系数等，指在设计计算中直接用于确定土体的强度、变形和稳定性等力学性的土性指标。

(4) 对一般性指标的成果进行整理，通常可采用多次测定值x_i的算数平均值$\bar{x}$，并计算出相应的标准差σ和变异系数δ，以反映实际测定值对算数平均值的变化程度，从而判别其采用算数平均值的可靠性。

(5) 对主要计算指标的成果进行整理，如果测定的组数较多，此时指标的最佳值接近于各个测定值的算数平均值，仍可按一般特性指标的方法确定其设计计算值，即采用算数平均值。但通常由于试验的数据较少，考虑到测定误差、土体本身的不均匀性和施工质量的影响等，为安全起见，对初步设计和次要建筑物宜采用标准差平均值，即将算数平均值加（或减）一个标准差的绝对值（$\bar{x}\pm\sigma$）。

(6) 对于在不同应力条件下测得的某种指标（如抗剪强度）应进行综合整理求取。在有些情况下，尚需求出综合使用不同土体单元时的计算指标。这种综合性的土性指标一般采用图解法或最小二乘方分析法确定。

① 图解法：对于在不同应力条件下测得的指标值（如抗剪强度），以不同的应力为横坐标，以指标平均值为纵坐标作图，并求得关系曲线，确定其参数（如土的粘聚力 c 和内摩擦角 ϕ）。

② 最小二乘方分析法：根据各测定值同关系曲线的偏差的平方和最小的原理求取参数值。

③ 当设计计算几个土体单元土性参数的综合值时，可按土体单元在设计计算中的实际影响，采用加权平均值。

(7) 试验报告的编写应符合下列要求。

① 对编写试验报告所依据的试验数据应进行整理、检查、分析，经确定无误后方可采用。

② 试验报告所需提供的依据一般应包括根据不同建筑物设计和施工的具体要求所拟定试验的全部土性参数。

③ 试验报告的内容应包括试验方法的简要说明（工程概况、所需解决的问题，以及由此对试样的采制、试验项目和试验条件提出的要求）、试验数据和基本结论。

④ 在试验报告中一律采用国家颁布的法定计量单位。

试验一　土的密度试验

试验日期：_____第____周、星期_____、第_____节课
地点：_____小组分工：_____交报告日期：_____

一、试验目的

二、试验方法

三、仪器设备

四、试验步骤

五、记录表格及成果整理

1. 试验数据(附表1)

附表1 密度试验记录表(环刀法)

试样编号	环刀号	环刀质量/g	湿土加环刀质量/g	湿土质量/g	体积/cm³	湿密度/(g/cm³)	平均湿密度/(g/cm³)	平均含水量/%	平均干密度/(g/cm³)
		①	②	③=②−①	④	⑤=③/④	⑥	⑦	⑧=⑥/(1+0.01⑦)

2. 计算

计算湿密度和干密度(要有公式、步骤等)。

3. 结果分析

_____
_____
_____
_____
_____

评阅意见

试验二　土的含水量试验

试验日期：_____第____周、星期_____、第_____节课
地点：_____小组分工：_____交报告日期：_____

一、试验目的

二、试验方法

三、仪器设备

四、试验步骤

五、记录表格及成果整理

1. 试验数据（附表2）

附表2　含水量试验记录表（烘干法）

土样编号	盒号	称量盒质量 m_1/g	盒+湿土质量 m_2/g	盒+干土质量 m_3/g	干土质量/g	水分质量/g	含水量/%	
		(1)	(2)	(3)	(4)=(3)−(1)	(5)=(2)−(3)	(5)/(4)×100	平均含水量

2. 计算

计算含水量（要有公式、步骤等）。

3. 结果分析

_____
_____
_____
_____
_____

评阅意见

试验三　土的液、塑限试验

试验日期：_____ 第____周、星期_____、第_____节课
地点：_____ 小组分工：_____ 交报告日期：_____

一、试验目的

二、试验方法

三、仪器设备

四、试验步骤

五、记录表格及成果整理

1. 试验数据(附表3~附表5)

附表3 液限试验数据

次序	称量盒		盒加湿土重/g	盒加干土重/g	水重/g	土重/g	液限 w_L/%	二次平行误差/%	平均值/%	备注
	盒号	盒重/g								
1										
2										

附表4 塑限试验数据

次序	称量盒		盒加湿土重/g	盒加干土重/g	水重/g	土重/g	液限 w_P/%	二次平行误差/%	平均值/%	备注
	盒号	盒重/g								
1										
2										

附表5 液塑限联合测定数据

	次数	1	2	3
锥入深度	h_1/mm			
	h_2/mm			
	$(h_1+h_2)/2$			
含水量	盒号			
	盒质量/g			
	盒+湿土质量/g			
	盒+干土质量/g			
	水分质量/g			
	干土质量/g			
	含水量/%			
	平均含水量/%			

2. 绘制锥入深度 h 与含水量 w 的关系曲线并确定其液限和塑限

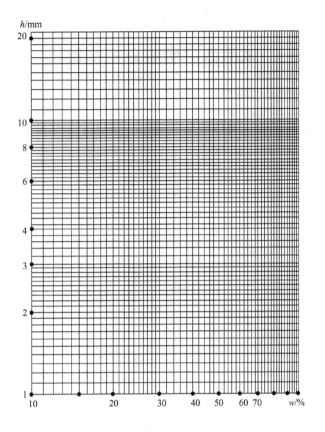

3. 计算

(1) 塑性指数 I_P。

(2) 液性指数 I_L。

(3) 按规范条件，进行土的分类，判定土的状态。

4. 结果分析

_____
_____
_____
_____

评阅意见

试验四　颗粒分析试验

试验日期：_____第____周、星期_____、第_____节课
地点：_____小组分工：_____交报告日期：_____

一、试验目的

二、试验方法

三、仪器设备

四、试验步骤

五、记录表格及成果整理

1. 试验数据

1) 筛析法试验数据(附表6)

附表6 颗粒分析(筛分法)数据

风干土质量＝＿＿＿＿g　　　　小于0.075mm的土占总土质量的百分数＝＿＿＿＿%
2mm筛上土质量＝＿＿＿＿g　　小于2mm的土占总土质量的百分数 d_x ＝＿＿＿＿%
2mm筛下土质量＝＿＿＿＿g　　细筛分析时所取试样质量＝＿＿＿＿g

筛号	孔径/mm	累积留筛土质量/g	小于该孔径的土质量/g	小于该孔径的土质量百分数/%	小于该孔径的总土质量百分数/%
底盘总计					

2) 比重计法试验数据(附表7)

附表7 颗粒分析(比重计法)数据

土粒比重＿＿＿＿　　　　　　比重计号＿＿＿＿
比重校正系数＿＿＿＿　　　　量筒号＿＿＿＿

下沉时间 t/分	悬液温度 T/℃	比重计原始读数 R	比重计读数校正值			校正后比重计读数 R	土粒落距 L/mm	土粒直径 d/mm	≤d 的颗粒含量 X/%	≤d 占总土重颗粒含量 X/%
			温度 m	分散剂 CD	共计					
1										
3										
5										
15										
30										
60										
120										
1440										

3) 比重瓶法试验数据(附表8)

附表8 颗粒分析(比重瓶法)数据

比重瓶号	温度	液体比重	比重瓶质量/g	瓶、干土总质量/g	瓶、液体、土总质量/g	瓶、液体总质量/g	干土质量/g	与干土同体积的液体质量/g	比重	平均值
	①	②	③	④	⑤	⑥	⑦=④-③	⑧=⑥+⑦-⑤	⑨=⑦/⑧×②	

2. 计算

(1) 颗粒分析级配曲线。

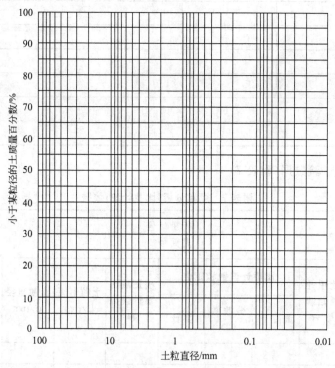

(2) 计算土的不均匀系数 C_u 和曲率系数 C_c(要有公式、步骤等)。

(3) 确定土名并判别土的均一性。

3. 结果分析

_____
_____
_____
_____

评阅意见

试验五　土的渗透试验

试验日期：_____　第____周、星期_____、第_____节课
地点：_____　小组分工：_____　交报告日期：_____

一、试验目的

二、试验方法

三、仪器设备

四、试验步骤

五、记录表格及成果整理

1. 试验数据（附表9）

附表9　常水头渗透试验数据

测压孔间距 $L=$ ＿＿＿＿ cm；　　试样高度 $h=$ ＿＿＿＿ cm；　　土粒比重 $d_s=$ ＿＿＿＿
试样断面积 $A=$ ＿＿＿＿ cm³；　试样风干总质量 $m=$ ＿＿＿＿ g；　孔隙比 $e=$ ＿＿＿＿

试验次数 n	经过时间 t/s	测压管水位/cm			水位差/cm			水力坡降 J	渗透水量 Q/cm^3	渗透系数 /(cm/s)	平均渗透系数 K_T /(cm/s)
		1管	2管	3管	H_1	H_2	平均 H				
①	②	③	④	⑤	⑥=③-④	⑦=④-⑤	⑧=(⑥+⑦)/2				
1											
2											
3											
4											
5											
6											

2. 计算

计算试样干质量、干密度、孔隙比、平均渗透系数（要有相应的计算公式）。

3. 结果分析

＿＿
＿＿
＿＿
＿＿

评阅意见

试验六　土的击实试验

试验日期：_____第____周、星期_____、第_____节课
地点：_____小组分工：_____交报告日期：_____

一、试验目的

二、试验方法

三、仪器设备

四、试验步骤

五、记录表格及成果整理

1. 试验数据(附表10)

附表10 击实试验数据

试验仪器_____ 土样类别_____ 每层击数_____
土粒比重_____ 估计最优含水量_____ 风干含水量_____

	试验次数			1	2	3	4	5	6
干密度	预估加水量	g							
	筒+土质量	g	①						
	筒质量	g	②						
	湿土质量	g	③	①−②					
	筒体积	cm³	④						
	湿密度	g/cm³	⑤	③/④					
	干密度	g/cm³	⑥	⑤/(1+0.001w)					
含水量	盒号	g							
	盒+湿土质量	g	①						
	盒+干土质量	g	②						
	盒质量	g	③						
	水质量	g	④	①−②					
	干土质量	g	⑤	②−③					
	含水量	%	⑥	④/⑤					

2. 绘制含水量与干密度的关系曲线

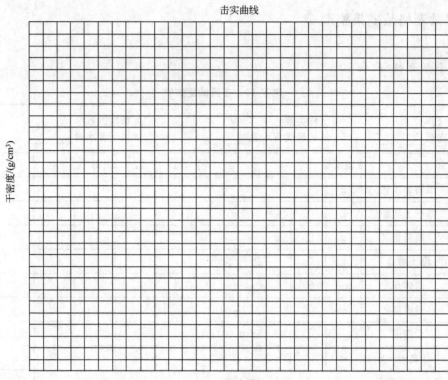

3. 根据击实曲线计算最大干密度和最优含水量

4. 结果分析
_____
_____
_____
_____

评阅意见

试验七　土的压缩试验

试验日期：_____第____周、星期_____、第_____节课
地点：_____小组分工：_____交报告日期：_____

一、试验目的

二、试验方法

三、仪器设备

四、试验步骤

五、记录表格及成果整理

1. 试验数据
1) 含水量记录表（附表11）

附表 11 含水量试验数据

土样编号	盒号	称量盒质量 m_1/g ①	盒+湿土质量 m_2/g ②	盒+干土质量 m_3/g ③	干土质量/g ④=③-①	水分质量/g ⑤=②-③	含水量/% ⑤/④×100	平均含水量

2) 密度记录表(附表 12)

附表 12 密度试验数据

试样编号	环刀号	环刀质量/g ①	湿土加环刀质量/g ②	湿土质量/g ③=②-①	体积/cm³ ④	湿密度/(g/cm³) ⑤=③/④	平均湿密度/(g/cm³) ⑥	平均含水量/% ⑦	平均干密度/(g/cm³) ⑧=⑥/(1+0.01w)

3) 压缩试验记录表(附表 13)

试样初始高度 $H_0=20\text{mm}$，土粒净高 $H_s=\dfrac{H_0}{1+e_0}$，土粒密度 $\rho_s=$

试样密度 $\rho=\dfrac{w-w_0}{v}$，试样初始孔隙比 $e_0=\dfrac{\rho_s\rho_{wc}(1+w)}{\rho}-1=$

附表 13 压缩试验数据

各级加荷载时间/min	各级荷重下测微表读数/mm				
	50kPa	100kPa	200kPa	300kPa	400kPa
0					
1					
15					
30					
60					
总变形量 ΔH_1/mm					
仪器变形 ΔH_2/mm					
试样变形量 ΔH/mm					
试样变形后高度 H/mm					
各级荷载下孔隙比 e					

2. 计算

(1) 压缩曲线。

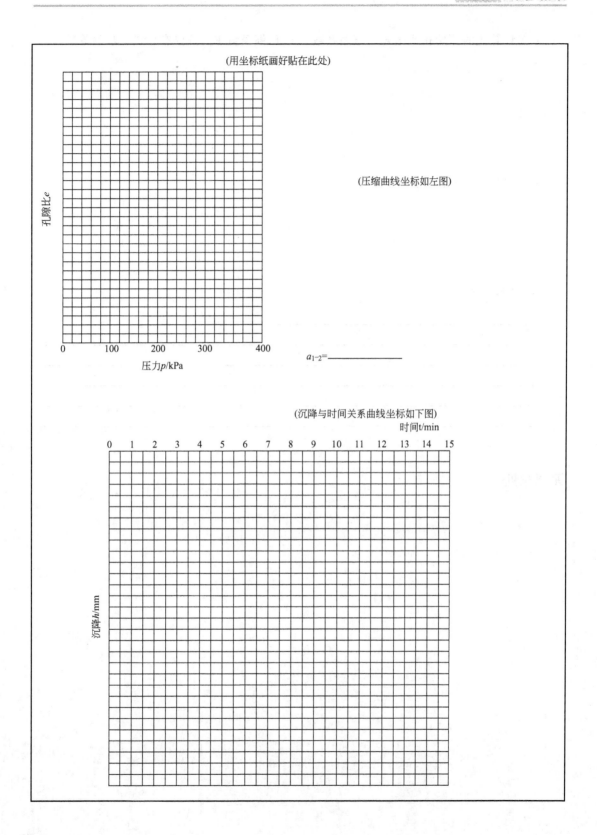

（2）计算土的原始孔隙比 e_0、压缩系数 a_{s1-2} 压缩模量 E_{s1-2}（要有公式、步骤等）。

（3）对试样压缩性评价。

3. 结果分析

_____
_____
_____
_____
_____

评阅意见

试验八　土的直接剪切试验

试验日期：_____第____周、星期_____、第_____节课
地点：_____小组分工：_____交报告日期：_____

一、试验目的

二、试验方法

三、仪器设备

四、试验步骤

五、记录表格及成果整理

1. 试验数据

1) 含水量记录表（附表 14）

附表 14 含水量试验数据

土样编号	盒号	称量盒质量 m_1/g	盒+湿土质量 m_2/g	盒+干土质量 m_3/g	干土质量/g	水分质量/g	含水量/%	
		①	②	③	④=③−①	⑤=②−③	⑤/④×100	平均含水量

2) 密度记录表（附表 15）

附表 15 密度试验数据

试样编号	环刀号	环刀质量/g	湿土加环刀质量/g	湿土质量/g	体积/cm³	湿密度/(g/cm³)	平均湿密度/(g/cm³)	平均含水量/%	平均干密度/(g/cm³)
		①	②	③=②−①	④	⑤=③/④	⑥	⑦	⑧=⑥/(1+0.01w)

3) 直剪试验记录表（附表 16）

附表 16 直剪试验记录表

仪 器 号 _____ 钢环系数 _____
土　 　号 _____ 手轮转速 _____
试验方法 _____ 土壤类别 _____

量表读数	垂直压力/kPa	100	200	300	400	量表读数	垂直压力/kPa	100	200	300	400
手轮转数/r						手轮转数/r					

（续）

量表读数 垂直压力/kPa 手轮转数/r	100	200	300	400	量表读数 垂直压力/kPa 手轮转数/r	100	200	300	400
抗剪强度									
剪切历时									
固结时间									
剪切前压缩量									

2. 计算

（1）各级压力土的抗剪强度。

（2）抗剪强度与垂直压力关系曲线，以及抗剪强度指标（自己用坐标纸画好，贴在下面的空白处，注意纵横坐标要一致，然后根据图解求出内摩擦角 ϕ、粘聚力 c）。

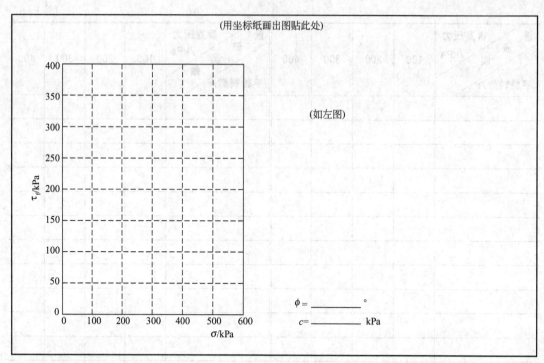

(3)绘制剪应力 τ 与剪切位移 ΔL 关系曲线（τ-ΔL 关系曲线）（自己用坐标纸画好，贴在下面的空白处）。

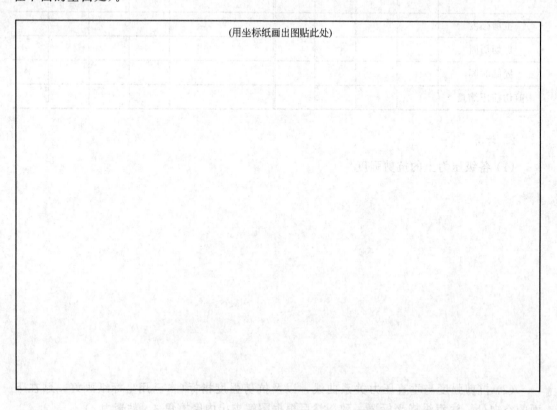

3. 结果分析

评阅意见

试验九　土的三轴剪切试验

试验日期：_____第____周、星期_____、第_____节课
地点：_____小组分工：_____交报告日期：_____

一、试验目的

二、试验方法

三、仪器设备

四、试验步骤

五、记录表格及成果整理

1. 试验数据（附表 17）

附表 17　三轴试验数据

轴向变形 0.01mm	围压 $\sigma_3=$ kPa		围压 $\sigma_3=$ kPa		围压 $\sigma_3=$ kPa		备注
	轴向应变 $\varepsilon/\%$	钢环读数 R(0.01mm)	轴向应变 $\varepsilon/\%$	钢环读数 R(0.01mm)	轴向应变 $\varepsilon/\%$	钢环读数 R(0.01mm)	
0							
50							
100							
150							
200							
250							
300							
350							
400							
450							
500							
550							
600							
650							
700							
750							
800							
850							
900							
950							
1000							
1050							
1100							
1150							
1200							
1250							
1300							
1350							
1400							
1450							
1500							
1550							
1600							

2. 计算

(1) 计算轴向应变 ε_i。

(2) 试样剪切面积的校正 A_a。

(3) 计算主应力差 $(\sigma_1-\sigma_3)$。

(4) 在 $\tau-\sigma$ 应力平面图上绘制主应力图和强度的包络线，确定土的抗剪强度参数。

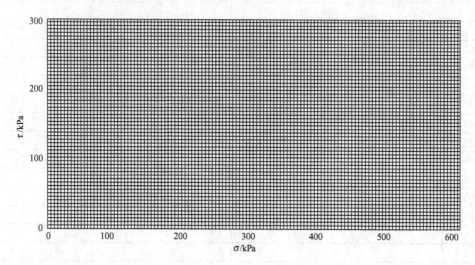

3. 结果分析

_____
_____
_____
_____
_____

评阅意见

试验十　荷 载 试 验

试验日期：_____第____周、星期_____、第_____节课
地点：_____小组分工：_____交报告日期：_____

一、试验目的

二、试验方法

三、仪器设备

四、试验步骤

五、记录表格及成果整理

1. 试验数据(附表 18)

附表 18 载荷试验数据

加荷次序	测力计读数	荷载 p/kPa	经历时间 t/min	压板处百分表读数 s(0.01mm)		
				百分表 1	百分表 2	平均值
1			0.5			
			1			
			2			
			3			
			4			
			5			
2			0.5			
			1			
			2			
			3			
			4			
			5			
3			0.5			
			1			
			2			
			3			
			4			
			5			
4			0.5			
			1			
			2			
			3			
			4			
			5			
5			0.5			
			1			

（续）

加荷次序	测力计读数	荷载 p/kPa	经历时间 t/min	压板处百分表读数 s(0.01mm)		
				百分表1	百分表2	平均值
			2			
			3			
			4			
			5			
6			0.5			
			1			
			2			
			3			
			4			
			5			
7			0.5			
			1			
			2			
			3			
			4			
			5			
8			0.5			
			1			
			2			
			3			
			4			
			5			

2. 绘制 p–s 曲线

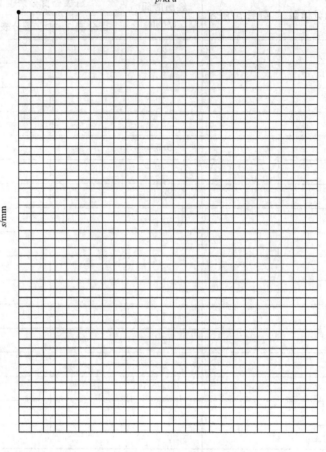

3. 计算

确定地基土的承载力基本值和地基变形模量(要有依据和计算式)。

4. 结果分析

评阅意见

参 考 文 献

[1] 袁聚云. 土工试验与原理 [M]. 上海：同济大学出版社，2003.
[2] 赵秀玲，李宝玉. 土木试验指导 [M]. 郑州：黄河水利出版社，2010.
[3] 郭亚宇，毛红梅. 地基基础土工试验与检测实训指南 [M]. 成都：西南交通大学出版社，2009.
[4] 白宪臣，土工试验教程 [M]. 郑州：河南大学出版社，2008.
[5] 王保田. 土工测试技术 [M]. 2版. 南京：河海大学出版社，2005.
[6] 付小敏，张品翠. 土木试验基础教程 [M]. 成都：西南交通大学出版社，2008.
[7] 南京水利科学研究院土工研究所. 土工试验技术手册 [M]. 北京：人民交通出版社，2003.
[8] 孙秉慧. 土工试验教程 [M]. 郑州：黄河水利出版社，2008.
[9] [日] 三木五三郎. 土工试验法 [M]. 陈世杰，译. 北京：中国铁道出版社，1985.
[10] 中华人民共和国国家标准. 土工试验方法标准(GB/T 50123—1999) [S]. 北京：中国计划出版社，1999.
[11] 中华人民共和国行业标准. 土工试验规程(SL 237—1999) [S]. 北京：中国水利水电出版社，1999.
[12] 戴鸿麟. 中华人民共和国地质矿产部土工试验规程(DT—92) [S]. 北京：地质出版社，1993.

北京大学出版社土木建筑系列教材(已出版)

序号	书名	主编	定价	序号	书名	主编	定价
1	*房屋建筑学(第3版)	聂洪达	56.00	53	特殊土地基处理	刘起霞	50.00
2	房屋建筑学	宿晓萍 隋艳娥	43.00	54	地基处理	刘起霞	45.00
3	房屋建筑学(上:民用建筑)(第2版)	钱 坤	40.00	55	*工程地质(第3版)	倪宏革 周建波	40.00
4	房屋建筑学(下:工业建筑)(第2版)	钱 坤	36.00	56	工程地质(第2版)	何培玲 张 婷	26.00
5	土木工程制图(第2版)	张会平	45.00	57	土木工程地质	陈文昭	32.00
6	土木工程制图习题集(第2版)	张会平	28.00	58	*土力学(第2版)	高向阳	45.00
7	土建工程制图(第2版)	张黎骅	38.00	59	土力学(第2版)	肖仁成 俞 晓	25.00
8	土建工程制图习题集(第2版)	张黎骅	34.00	60	土力学	曹卫平	34.00
9	*建筑材料	胡新萍	49.00	61	土力学	杨雪强	40.00
10	土木工程材料	赵志曼	38.00	62	土力学教程(第2版)	孟祥波	34.00
11	土木工程材料(第2版)	王春阳	50.00	63	土力学	贾彩虹	38.00
12	土木工程材料(第2版)	柯国军	45.00	64	土力学(中英双语)	郎煜华	38.00
13	*建筑设备(第3版)	刘源全 张国军	52.00	65	土质学与土力学	刘红军	36.00
14	土木工程测量(第2版)	陈久强 刘文生	40.00	66	土力学试验	孟云梅	32.00
15	土木工程专业英语	霍俊芳 姜丽云	35.00	67	土工试验原理与操作	高向阳	25.00
16	土木工程专业英语	宿晓萍 赵庆明	40.00	68	砌体结构(第2版)	何培玲 尹维新	26.00
17	土木工程基础英语教程	陈 平 王凤池	32.00	69	混凝土结构设计原理(第2版)	邵永健	52.00
18	工程管理专业英语	王竹芳	24.00	70	混凝土结构设计原理习题集	邵永健	32.00
19	建筑工程管理专业英语	杨云会	36.00	71	结构抗震设计(第2版)	祝英杰	37.00
20	*建设工程监理概论(第4版)	巩天真 张泽平	48.00	72	建筑抗震与高层结构设计	周锡武 朴福顺	36.00
21	工程项目管理(第2版)	仲景冰 王红兵	45.00	73	荷载与结构设计方法(第2版)	许成祥 何培玲	30.00
22	工程项目管理	董良峰 张瑞敏	43.00	74	建筑结构优化及应用	朱杰江	30.00
23	工程项目管理	王 华	42.00	75	钢结构设计原理	胡习兵	30.00
24	工程项目管理	邓铁军 杨亚频	48.00	76	钢结构设计	胡习兵 张再华	42.00
25	土木工程项目管理	郑文新	41.00	77	特种结构	孙 克	30.00
26	工程项目投资控制	曲 娜 陈顺良	32.00	78	建筑结构	苏明会 赵 亮	50.00
27	建设项目评估	黄明知 尚华艳	38.00	79	*工程结构	金恩平	49.00
28	建设项目评估(第2版)	王 华	46.00	80	土木工程结构试验	叶成杰	39.00
29	工程经济学(第2版)	冯为民 付晓灵	42.00	81	土木工程试验	王吉民	34.00
30	工程经济学	都沁军	42.00	82	*土木工程系列实验综合教程	周瑞荣	56.00
31	工程经济与项目管理	都沁军	45.00	83	土木工程CAD	王玉岚	42.00
32	工程合同管理	方 俊 胡向真	23.00	84	土木建筑CAD实用教程	王文达	30.00
33	建设工程合同管理	余群舟	36.00	85	建筑结构CAD教程	崔钦淑	36.00
34	*建设法规(第3版)	潘安平 肖 铭	40.00	86	工程设计软件应用	孙香红	39.00
35	建设法规	刘红霞 柳立生	36.00	87	土木工程计算机绘图	袁 果 张渝生	28.00
36	工程招标投标管理(第2版)	刘昌明	30.00	88	有限单元法(第2版)	丁 科 殷水平	30.00
37	建设工程招投标与合同管理实务(第2版)	崔东红	49.00	89	*BIM应用:Revit建筑案例教程	林标锋	58.00
38	工程招投标与合同管理(第2版)	吴 芳 冯 宁	43.00	90	*BIM建模与应用教程	曾浩	39.00
39	土木工程施工	石海均 马 哲	40.00	91	工程事故分析与工程安全(第2版)	谢征勋 罗 章	38.00
40	土木工程施工	邓寿昌 李晓目	42.00	92	建设工程质量检验与评定	杨建明	40.00
41	土木工程施工	陈泽世 凌平平	58.00	93	建筑工程安全管理与技术	高向阳	40.00
42	建筑施工	叶 良	55.00	94	大跨桥梁	王解军 周先雁	30.00
43	*土木工程施工与管理	李华锋 徐 芸	65.00	95	桥梁工程(第2版)	周先雁 王解军	37.00
44	高层建筑施工	张厚先 陈德方	32.00	96	交通工程基础	王富	24.00
45	高层与大跨建筑结构施工	王绍君	45.00	97	道路勘测与设计	凌平平 余婵娟	42.00
46	地下工程施工	江学良 杨 慧	54.00	98	道路勘测设计	刘文生	43.00
47	建筑工程施工组织与管理(第2版)	余群舟 宋会莲	31.00	99	建筑节能概论	余晓平	34.00
48	工程施工组织	周国恩	28.00	100	建筑电气	李 云	45.00
49	高层建筑结构设计	张仲先 张海波	23.00	101	空调工程	战乃岩 王建辉	45.00
50	基础工程	王协群 章宝华	32.00	102	*建筑公共安全技术与设计	陈继斌	45.00
51	基础工程	曹 云	43.00	103	水分析化学	宋吉娜	42.00
52	土木工程概论	邓友生	34.00	104	水泵与水泵站	张 伟 周书葵	35.00

序号	书名	主编	定价	序号	书名	主编	定价
105	工程管理概论	郑文新 李献涛	26.00	130	*安装工程计量与计价	冯 钢	58.00
106	理论力学(第2版)	张俊彦 赵荣国	40.00	131	室内装饰工程预算	陈祖建	30.00
107	理论力学	欧阳辉	48.00	132	*工程造价控制与管理(第2版)	胡新萍 王 芳	42.00
108	材料力学	章宝华	36.00	133	建筑学导论	裘 鞠 常 悦	32.00
109	结构力学	何春保	45.00	134	建筑美学	邓友生	36.00
110	结构力学	边亚东	42.00	135	建筑美术教程	陈希平	45.00
111	结构力学实用教程	常伏德	47.00	136	色彩景观基础教程	阮正仪	42.00
112	工程力学(第2版)	罗迎社 喻小明	39.00	137	建筑表现技法	冯 柯	42.00
113	工程力学	杨云芳	42.00	138	建筑概论	钱 坤	28.00
114	工程力学	王明斌 庞永平	37.00	139	建筑构造	宿晓萍 隋艳娥	36.00
115	房地产开发	石海均 王 宏	34.00	140	建筑构造原理与设计(上册)	陈玲玲	34.00
116	房地产开发与管理	刘 薇	38.00	141	建筑构造原理与设计(下册)	梁晓慧 陈玲玲	38.00
117	房地产策划	王直民	42.00	142	城市与区域规划实用模型	郭志恭	45.00
118	房地产估价	沈良峰	45.00	143	城市详细规划原理与设计方法	姜 云	36.00
119	房地产法规	潘安平	36.00	144	中外城市规划与建设史	李合群	58.00
120	房地产测量	魏德宏	28.00	145	中外建筑史	吴 薇	36.00
121	工程财务管理	张学英	38.00	146	外国建筑简史	吴 薇	38.00
122	工程造价管理	周国恩	42.00	147	城市与区域认知实习教程	邹 君	30.00
123	建筑工程施工组织与概预算	钟吉湘	52.00	148	城市生态与城市环境保护	梁彦兰 阎 利	36.00
124	建筑工程造价	郑文新	39.00	149	幼儿园建筑设计	龚兆先	37.00
125	工程造价管理	车春鹂 杜春艳	24.00	150	园林与环境景观设计	董 智 曾 伟	46.00
126	土木工程计量与计价	王翠琴 李春燕	35.00	151	室内设计原理	冯 柯	28.00
127	建筑工程计量与计价	张叶田	50.00	152	景观设计	陈玲玲	49.00
128	市政工程计量与计价	赵志曼 张建平	38.00	153	中国传统建筑构造	李合群	35.00
129	园林工程计量与计价	温日琨 舒美英	45.00	154	中国文物建筑保护及修复工程学	郭志恭	45.00

标*号为高等院校土建类专业"互联网+"创新规划教材。

如您需要更多教学资源如电子课件、电子样章、习题答案等,请登录北京大学出版社第六事业部官网 www.pup6.cn 搜索下载。

如您需要浏览更多专业教材,请扫下面的二维码,关注北京大学出版社第六事业部官方微信(微信号:pup6book),随时查询专业教材、浏览教材目录、内容简介等信息,并可在线申请纸质样书用于教学。

感谢您使用我们的教材,欢迎您随时与我们联系,我们将及时做好全方位的服务。联系方式:010-62750667,donglu2004@163.com,pup_6@163.com,lihu80@163.com,欢迎来电来信。客户服务 QQ 号:1292552107,欢迎随时咨询。